Dr. Pasquale Piturru / Eiko Weigand

Lassie, Rex & Co. klären auf

Wege zur erfolgreichen Hundeerziehung und Verhaltenstherapie

KYNOS VERLAG

Konrad-Zuse-Straße 3 • D-54552 Nerdlen/Daun
Telefon: +49 (0) 6592 957389-0
www.kynos-verlag.de

9. Auflage 2024

ISBN 978-3-95464-253-3

Gedruckt in Lettland

Mit dem Kauf dieses Buches unterstützen Sie die
Kynos Stiftung Hunde helfen Menschen
www.kynos-stiftung.de

Für Valentina

Inhalt

Vorwort

Pasquale Piturru, Fachtierarzt für Verhaltenskunde und Tierverhaltenstherapeut, klärt in der Tat auf. Dieses von leichter Hand und mit großer Wirkung, indem er „aus Sicht eines Hundes erzählt“ und es versteht, gut verständlich, sehr lesefreundlich und abwechslungsreich sehr viel Wissenswertes zur Ethologie der Hunde zu vermitteln.

Was sich leicht liest und oft schmunzeln macht, ist jedoch weit davon entfernt, banal oder hoch bekannt zu sein, vielmehr geht Pasquale dem Verhalten nach heutigem Stand des Wissens durchaus auf den Grund und befasst sich mit wissenschaftlichen Fakten, ohne dass er jemals „oberlehrerhaft“ wirkt oder nicht zu verstehen wäre. Die Sicht der Dinge wird zudem immer wieder unterschiedlich vermittelt, so dass sich die berühmten Aha-Effekte einstellen.

Die vielen Fallbeispiele, eben das, „was anderen Hunden so geschah“, anekdotisch aufbereitet, lockern auf und veranschaulichen, was wissenschaftlich fundiert beschrieben wurde, die herausragenden Illustrationen von Eiko Weigand illustrieren das Geschriebene perfekt – sie sind einfach sehr gelungen.

So erfahren wir viel zur Biologie, zur Psychologie und zur Verhaltenssteuerung von Hunden, zu ihrem Lernen, ihrer Entwicklung und zu sinnvollen Verhaltenskorrekturen, wenn Hund-Mensch-Beziehungen Probleme bereiten oder Hunde wirkliche Verhaltensstörungen zeigen.

Die Abgrenzung dessen, was Menschen am Hundeverhalten stört von einer Störung des Tieres wird kenntnisreich und klug dargestellt.

Hinzu kommen immer wieder Beispiele, warum zu oft wir es sind, die letztendlich verursachen, was uns stört.

Pasquale Piturru schafft Klarheit bezüglich irreführender Benennungen, erklärt die neuronalen Grundlagen des Verhaltens wie dessen hormonelle Beeinflussung sehr detailliert und liefert die gesetzlichen Vorschriften bezüglich der Hundehaltung, erweitert damit den Wissenshorizont eines jeden Hundehalters ganz beträchtlich.

So gelingt es ihm sehr unterhaltsam und leserfreundlich, etliche neue Fakten zur Ethologie des Hundes „bestens verpackt“ zu übermitteln.

Ich habe dieses Buch mit viel Vergnügen und Gewinn gerne gelesen.

Kiel, im März 2009
Dorit Urd Feddersen-Petersen

1

... und der Hund traf den Menschen – Wie alles einst begann

Wau ... Wau ..., die Geschichte dieses Buches begann vor langer, langer Zeit, genauer: vor etwa 50.000 Jahren. Ein Feuer brennt vor dem Höhleneingang. Eine Horde Menschen frisst. Essen kann man es nicht nennen. Wölfe beobachten das Treiben aus der Entfernung. Die Menschen sehen die Wölfe, die Wölfe die Menschen. Keine Angst, doch gegenseitiger Respekt voreinander. Es scheint, als ob ein Pakt geschlossen wäre: Die Wölfe bleiben in der Nähe, ohne die Menschen zu attackieren. Und die Menschen lassen Nahrungsreste übrig, für die Wölfe nützlich.

So geschieht es über eine lange Weile. Eines Tages werden die Wölfe plötzlich unruhig. Kurze, laute Warngeräusche, Knurren und Schnaufen; die Wölfe weichen. Angespannte Stille kommt auf.

Die Menschen werden aufmerksam. Eine große Raubkatze mit extrem lang ausgebildeten

Eckzähnen schleicht sich heran. Raubkatzen werden von den Menschen sehr gefürchtet; lautlos angreifend, von immenser Kraft, machen sie leicht Beute. Nun erstmals war die Menschenhorde vorbereitet: Die Wölfe haben den Menschen das bedrohliche Raubtier signalisiert. Die Raubkatze kann dank der Wölfe nicht überraschend angreifen. Die Menschen sind bewaffnet und können sich zur Abwehr strategisch formieren. Der Katze bleibt nurder Rückzug. Leichtere Beute als diese vorbereiteten Menschen sucht sie sich besser anderswo.

Das Wolfsrudel taucht wieder auf seinem Beobachtungsposten auf. Die Menschen schauen zu den Wölfen, deren Nutzen erkennend; schon fast dankbar. Die Wölfe verstehen das nicht. Doch sie profitieren davon, dass die Menschen am Leben bleiben: Leichter zu ergatterndes Fressen als deren Nahrungsreste gibt es für sie nicht. Und die Menschen meinen, dass die Wölfe sich diesmal die Futterreste redlich verdient haben.

Einige Tage später jagt ein Teil der Menschenhorde einen Riesenhirsch. Dieses Tier ist über zwei Meter hoch und ist mit einem über drei Meter breiten Geweih bewaffnet. Zudem ist es schnell und wehrhaft. Die vier zweibeinigen Jäger sind von der Hatz bereits erschöpft. Der Hirsch lässt sich zwar immer wieder blicken, doch er ist nicht zu erlegen. Wie aus dem Nichts taucht plötzlich das Wolfsrudel auf. Der Hirsch wittert die Wölfe und will fliehen. Aber es gibt für ihn nur eine Richtung, den Wölfen auszuweichen: Er hetzt in Richtung der vier Jäger. Die Wölfe scheinen das betrieben zu haben. Die Menschen nutzen die unerwartete Hilfe: Zwei Jäger postieren sich oberhalb des Fluchtweges und stürzen am Hang einen Felsbrocken auf das Tier. Der Hirsch kommt zu Fall. Die anderen beiden Jäger sind jetzt zur Stelle. Eine Lanze trifft ins Herz, die andere die Lungen: Die Jagd war erfolgreich. Kein Mensch kam zu Schaden.

Die Wölfe lauern in der Nähe. Drei der vier Menschen zerlegen das Riesentier. Der vierte achtet darauf, dass das Wolfsrudel Distanz wahrt. Jeder der Menschen wirft sich einen Wildbret-Teil über die Schulter, bevor die Gruppe sich auf den Rückweg begibt. Und die Wölfe bekommen die Reste, die Innereien, Hufe, den Schädel. Die symbiotische Beziehung zwischen Wolf und Mensch nimmt ihren Anfang.

Tage darauf, am Abend: Das Lagerfeuer der Menschen spendet Licht und Wärme, wie in so vielen Nächten, und hält bedrohliche Raubtiere fern. In der Nähe des Feuerplatzes ist es wohlig, das Lager trotzt der Kälte. Einer der Wölfe wagt sich heute einige Schritte näher an das Lager heran. Die anderen Rudelwölfe zögern. Auch einer der Menschen ist mutiger, traut sich, sich dem Wolf vorsichtig zu nähern. Die anderen Menschen bleiben in Anspannung auf Abstand, beobachten das Geschehen angestrengt.

Die beiden Mutigen sind getrennt von Horde und Rudel. Sie begegnen sich auf neutralem Niemandsland, die anderen Menschen und Wölfe beobachten argwöhnisch. Nur vier Meter trennen Mensch und Wolf. Der Mensch sinkt behutsam auf seine Knie, eine Hand an seiner Streitaxt. Der Wolf vermeidet, dem Menschen in die Augen zu schauen, kommt näher und näher. Ein knapper Meter trennt sie noch. Der Wolf schnuppert aufgeregt, angeregt, aufmerksam den Odem des Menschen. Friedlich waren sie einander noch nie so nah.

Der Mensch streckt langsam, vorsichtig den linken Arm mit offener Hand dem Wolf entgegen. Die rechte Faust umklammert sorgsam die Waffe. Der Wolf beschnuppert die offen dargebotene Hand. Und, tatsächlich, der Mensch streichelt mit den Fingern vorsichtig das Kinn des Vierbeiners. Und der lässt es sich gefallen. Kaum eine halbe Minute, länger nicht; doch beiden erscheint es wie eine Ewigkeit. Mit einem ekstatischen Gefühl, ungläubig, angerührt, stolz kehren die beiden zu Horde und Rudel zurück. Die anderen Mitglieder ihrer

Gruppen staunen, sie beriechen und beschnüffeln, beschauen und begucken.

Der Bann zwischen Mensch und Wolf scheint gebrochen. Allnächtlich wiederholt sich, was beiden gefiel. Das Vertrauen keimt, die Dauer der Zusammenkünfte nimmt zu. Auch tagsüber treffen sich die beiden nun oft. Es erwächst eine symbiotische Beziehung, die Mensch wie Wolf gefällt und nützt. Andere Menschenhorden- und Wolfsrudel-Mitglieder folgen der Erstbeziehung, ermutigt durch deren Gelingen. Die einzigartig feste Freundschaft auf höchstem Austauschniveau, die es zwischen Mensch und einer Tierart gibt und nicht besser geben wird, nimmt ihren Anfang. Wau… Wau…, so könnte es begonnen haben!

2

Ich, Hund, erzähle Dir mein Leben…

Der Name, den mir meine Menschen gegeben haben, ist Dik. Ich bin ein Hund. Ich bin kein Rassetier, sondern eine Promenadenmischung. Rasse oder Mix – uns Hunden ist's egal. Wir bellen, also sind wir. Ich habe etwas, was meine Artgenossen nicht kennen: Ein außergewöhnlich chaotisches Herrchen.

Als junger Bursche las mein Herrchen in einem Buch von Konrad Lorenz, dass der biblische König Salomon einen Ring besaß, mit dem er die Sprache der Tiere verstehen konnte. Herrchens Lebensziel war von da an, diesen Ring zu finden. Nach einigen Jahren verstand mein Mensch, dass die Existenz des Salomonischen Ringes leider nur eine Legende war. Der Gedanke an diesen Ring weckte in ihm aber einen immensen Wissensdurst – er wollte, er musste dem Verständnis der Tiere so nahe wie möglich kommen: Neben seinem praxisorientierten akademischen Werdegang besuchte er als Wissenschaftler ständig Fort- und Weiterbildungen. Mein Mensch tat viel, sehr viel, um uns Hunde zu ergründen. Schließlich wurde er Fachtierarzt für Kleintiere, Fachtierarzt für Verhaltenskunde, Fachtierarzt für Tierschutzkunde, Master of Small Animal Science und außerdem wurde ihm die Zusatzbezeichnung „Verhaltenstherapie" zuerkannt. Sehr nahe kam er seinem Ziel, die Sprache von uns Caniden zu verstehen. „Wir Caniden" sind die zoologische Familie der Canidae, Hunde. Zu der zählen neben mir Haustier und meinen Kumpels auch die Wildarten Wölfe, Schakale, Kojoten, Rotfüchse und Marderhunde.

Als meines Herrchens Hund wurde ich, Dik, als Vermittler gewählt, Euch Menschen uns Hunde verständlich zu machen. Im Interesse von Lassie, Rex und anderen Artgenossen. Mein Mensch und ich beschlossen, zusammen dieses Buch zu schreiben. Da wir Hunde nicht wie Ihr Menschen Gesprächskreaturen, sondern Beobachtungstiere sind, wollte ich mich zunächst nicht äußern. Ich rede ohnehin nicht gern; ich beobachte lieber alles, und das stets und ständig. Aber es ist dringend nötig, dass die Menschen uns endlich verstehen. Deshalb stimmte ich dem Buch zu. Die einzige Bedingung war: Mein Herrchen musste mir hoch und heilig versprechen, dass er alles, was meine Freunde und ich ihm erzählten, so gut wie möglich in Eure Sprache übersetzen würde. Damit jeder Mensch uns Hunde verstehen kann. Ehrlich gesagt, eine, meiner Meinung nach, der größten Herausforderungen der Menschheit.

3

Am Anfang war der Wolf – Die Ahnen

Wir Caniden haben Euch Menschen vor etwa 50.000 Jahren getroffen; nicht Ihr uns. – Wieso? Nun, ganz einfach: Wir waren vor Euch Menschen auf diesem Planeten! Das werde ich Euch jetzt beweisen.

Vor etwa 4 Millionen Jahren begannen die Hominiden der Art „Australopithecus afarensis" von den Bäumen zu steigen, lebten und jagten auf der Erde. Eigentlich wollten diese Hominiden ihren Lebensraum nicht wechseln, aber sie wurden dazu gezwungen: Während des Perms vor ungefähr 300 Millionen Jahren existierte ein Superkontinent Namens Pangaea. Auf diesem waren alle Landmassen der Erde zusammengefasst und von einem einzigen Meer umgeben, Panthalassa genannt.

Die ersten Hominiden, die menschenähnlichen Tiere, stammten aus Hadar, einer Region des heutigen Äthiopiens in Ostafrika. Ein archäologischer Fund in dieser Region bewies das im Jahr 1974.

Weil die Archäologen während ihrer Ausgrabungsarbeiten den Beatles-Song „Lucy in the sky with diamonds" hörten, wurde die gefundene, etwa 115 Zentimeter große und etwa 25 Kilogramm schwere junge, weibliche Hominide auf den Namen „Lucy" getauft.

Etwa vor 250 Millionen Jahren in der Trias zerfiel Pangaea in zwei Teile: Laurasia im Norden und Gondwana, der die südliche Hemisphäre der Erde dominierte. Ein Teil des Gondwana-Großkontinentes zog während des

Juras, der Kreide und des Holozäns nach Norden. Diese Landmasse heißt heute Indien.

Als Gondwana zerriss, entstanden außerdem Afrika, Südamerika, Australien, Neuseeland und die Antarktis. Den weitesten Weg legte aber Indien zurück. Nach Millionen Jahren Reise kollidierte es schließlich mit einem Teil des ursprünglichen Laurasias, das heute Eurasien heißt. Ein Crash, der über 40 Millionen Jahre bis heute andauert. Durch die Verbindung mit Asien entstand eine rund 3.000 Kilometer lange Gebirgskette, der Himalaya. Als sich die bis zu 8.000 Meter hohen Berge aufschoben, wirkten ungeheure Naturkräfte. Der geologische Umbruch führte zu andauernden, extremen klimatischen Veränderungen auf unserem Planeten. Die Wälder in Ostafrika schwanden nach und nach, eine baumarme Savanne bildete sich.

Affen und Menschen haben gemeinsame Ahnen, die sich bereits vor etwa 5 Millionen Jahren genetisch auseinander entwickelten. Lucy zählte zu den ersten Formen der Menschenähnlichen. Vor etwa 4 Millionen Jahren begannen die Urmenschen aufrecht zu laufen, auf zwei Beinen. Von Lucy, dem „Australopithecus afarensis", bis zu dem vor 50.000 Jahren entstandenen heutigen Menschen „Homo sapiens sapiens" habt Ihr Hominiden Euch immens weiterentwickelt.

Okay, ganz gut; meinen Respekt dafür!

Die Vorahnen von uns Hunden allerdings kann man sogar auf 120 Millionen Jahre zurückverfolgen. Sie waren Fleischfresser, die auf dem nordamerikanischen Kontinent lebten. Meine hündischen Vorfahren spezialisierten sich auf das Jagen von Huftieren. Vor etwa 55 Millionen Jahren entwickelten sich die ersten Säugetiere mit Ansätzen von Fangzähnen. Diese Fleischfresser waren die gemeinsamen Ahnen der heutigen Fleischfresser, so der Wölfe, Katzen, Hyänen und Bären. Der direkte Vorfahre der Wölfe heißt „Cynodictis" und entwickelte sich vor etwa 40 Millionen Jahren. Er hatte bereits die gleiche Anzahl an Zähnen wie unsere heutigen Wölfe, war aber insgesamt kleiner und hatte einen flexibleren Körperbau. Von Cynodictis über „Cynodesmus" und „Tomarctus" entwickelte sich der heutige Wolf: „Canis lupus", der vor etwa 2 Millionen Jahren seine heutige Form und Größe erreichte. Auch während der Eiszeit lebte ein enger Verwandter des heutigen Wolfes, der Direwolf (Canis dirus). Er war sehr viel größer als der Lupus und starb gegen Ende der Eiszeit aus.

Der Wolf Canis lupus jedoch entwickelte sich zu einem der erfolgreichsten Raubtiere der Erde. Er konnte sich, ähnlich wie die Menschen, den unterschiedlichsten Umgebungen und Lebensbedingungen anpassen. Vergesst nicht – Anpassungsfähigkeit ist die Garantie zum Überleben!

Also haben die Menschen erst vor 5 Millionen Jahren begonnen, sich von den Affen zu unterscheiden. Der Cynodictis aber ist 40 Millionen Jahre alt! Den heutigen Wolf gibt es bereits seit 2 Millionen Jahren; der Mensch, die einzige überlebende Art der Gattung Homo, ist dagegen in Afrika seit rund 300.000 Jahren fossil belegt und entwickelte sich dort. Seht also bitte ein: Die Welt war längst schon unsere, als Ihr Zweibeiner zu uns gekommen seid! Unser direkter Stammvater ist der Wolf. Es ist schwierig, die Grenze zwischen Wolf und Hund zu ziehen: Die Unterschiede liegen in den für Hunde typischen kleineren Zähnen und in unserem geringeren Hirngewicht, natürlich stets relativ zu unserer Größe gesehen. Im Mesolithikum waren wir Hunde im Zuge der Wanderungen der Menschen bereits weltweit verbreitet. Über die während der Eiszeit frostfeste und damit passierbare Behringstraße kamen wir nach Amerika. Bis zum Auftauchen von Mohrmäusen waren wir dort die einzigen Haustiere und Kulturfolger.

an geeigneten Orten Nutzpflanzen kultivieren. Der Mensch nutzte die Natur für sich. Er bebaute, pflegte, verehrte – was die Übersetzung des lateinischen Wortstamms „Kultur“ ist.

Die Wölfe sahen bei alledem als erste ihre Vorteile. Der römische Kaiser Julius Caesar schrieb Jahrzehnte vor Christi Geburt: „Wenn der Feind zu stark ist, muss er dein Freund werden.“

Die Wölfe erspürten als erste Tierart, dass die Spezies Mensch diesen Planeten beherrschen würde. Denn der Mensch konnte als einziger Erdbewohner die Naturräume nicht nur erleben, sondern sie gestalten und zu seinem Nutzen formen: Allein der Mensch war befähigt, zu abstrahieren. Er konnte nicht nur Feuer machen, sondern sogar aus Rohmaterial Werkzeuge für die Jagd und den Alltag erstellen. Er konnte Wasserstraßen erschließen oder

Diesem Motto folgten die Wölfe bereits vor 50.000 Jahren. Zwei Aspekte waren dabei besonders wichtig: Der Umstand, dass Mensch wie Wolf in einer hierarchischen Gesellschaft lebten und voneinander profitieren konnten. Und dass wir Caniden uns dem Rhythmus der menschlichen Evolution am besten anzupassen verstanden.

Gut so – sonst würde es heute mich, Dik, und Eure Hunde nicht geben. Was wäre Euch entgangen!

4

Wie ich Euer Begleiter wurde – Domestikation und Entstehung unserer Rassen

Durch die Nähe zu Euch Menschen begannen wir bereits vor über etwa 50.000 Jahren damit, uns Euch anzupassen und damit einen speziellen Prozess einzuleiten: Die Domestikation. Wie der Name bereits verrät (lat. Domus = Haus), haben wir dabei im Laufe der Jahrtausende gelernt, mit Euch unter einem Dach zu leben. Unsere Domestikation liegt, chronologisch betrachtet, noch vor der Entwicklung von Ackerbau und Viehzucht. Wir sind also das älteste Haustier des Menschen. Durch die Anpassung an Euch Menschen und Eure Lebensumstände haben wir Hunde uns anders weiterentwickelt als unser Ahne, der Wolf: Unser körpereigener Fettanteil wurde größer, Muskeln und Bindegewebe dagegen schwächer, die Leistungsfähigkeit unserer Sinnesorgane reduzierte sich. Schädelkapazität und Volumen des Gehirns nahmen relativ zum Körpergewicht um 30% ab. Hey, dafür sind wir aber sexuell wesentlich aktiver als der Wolf: Man nennt das „Hypersexualisierung“. Ein Beispiel dafür ist mein guter Freund Love, ein Zwergpudel, der als Hundecasanova in der nor-

ditalienischen Hafenstadt Genua bekannt war. Er wurde 18 Jahre alt und mit 17 zum letzten Mal Vater. Dieser Bursche war der Traum aller läufigen Hündinnen.

Durch diese körperlichen Veränderungen hat sich auch unser Verhalten modifiziert: Das Scheuverhalten und die Wahrnehmungsfähigkeit haben nachgelassen. Und folglich auch unsere Reaktionen auf Umweltreize, ebenso Angst und Furcht. Die Stresstoleranz hingegen nahm zu. Nur durch diese Verhaltensänderungen war es uns Hunden möglich, uns Eurem Lebensstil anzupassen. Keine andere Tiergruppe vermochte dieses so gut wie wir. Wir haben uns so große Mühe gegeben! Deshalb sind meine Artgenossen und ich der Meinung: Wir verdienen es, dass unsere Menschen und Ihr, die Leser dieses Buches, uns ein bisschen besser verstehen lernen!

Nach unserer Domestikation begannen die Menschen, uns nach besonderen Merkmalen zu selektieren. Die Besten aus unseren Reihen aus unterschiedlichen Bereichen – nach der Begabung zu Jagd, Arbeit, Feldkämpfen

in Kriegen, Wachsamkeit oder einfach die Schönsten – wurden ausgewählt und miteinander gekreuzt. Leider wurde unser Wert dabei nur von den Menschen beurteilt. Es entstanden die ersten Hunderassen. Als älteste Rassengruppe gelten heute die Windhunde, die bereits auf gut viertausend Jahre alten ägyptischen Darstellungen zu finden sind. Dann erst folgten andere Rassen.

Die Phase der Hundezucht, die sich vorwiegend auf unser äußeres Erscheinungsbild konzentrierte, begann im 19. Jahrhundert. Hierbei schlichen sich die ersten gravierenden Fehler ein, denn bei der Schaffung unserer Rassen wurden von Euch viele Kriterien übersehen. Einer Eurer Wissenschaftler erkannte im Jahre 1971 dann, dass bei der Auswahl auf ein bestimmtes Merkmal auch viele andere mit verändert werden können. Demnach entstanden durch Züchtungen art- und rassetypische Verhaltenseigenschaften.

Häufig sind diese Verhaltenseigenschaften „selbstbelohnend". Das bedeutet: Wir brauchen kein spezielles Lob, um ein rassetypisches Verhalten zu zeigen. Das Verhaltensmuster in uns motiviert uns so sehr, dass es die tollste Belohnung ersetzt. Diese rassetypischen Eigenschaften sind durch späteres Lernen und Konditionieren nur schwer zu beeinflussen. Sie können deshalb ein Riesenvorteil sein, weil manche von uns für bestimmte Aufgaben wie das Jagen oder Schafehüten unheimlich begabt sind, aber auch große Probleme bei unserer Erziehung bereiten. Deshalb entstanden in Euren Kreisen auch mit der Zeit rassetypische Sprichwörter, etwa: „Ein Terrier ist und bleibt ein Terrier" oder „Dickköpfig wie ein Chow Chow" …

Aufgrund unserer einstigen gezielten Paarung für ehemals wichtige, spezielle Verwendungszwecke sind in uns auch heute noch selbstbelohnende Verhaltensweisen erhalten. Deshalb ist es für Euch sehr wichtig, zu wissen, für welche Zwecke wir eigentlich einst gezüchtet wurden. Man kann uns Hunde heute nach unserem ursprünglichen Verwendungszweck einteilen:

Vom Bauernhund bis zum Terrier

Bauernhunde, wie zum Beispiel der Bernhardiner, sind groß und mächtig. Da sie ursprünglich zum Bewachen und Verteidigen des Hofes nahe am Haus bleiben sollten, haben sie keine Neigung zum Streunen. Sie verfügen dafür über ein ausgeprägtes Territorialverhalten. Es kann daher vorkommen, dass Hunde dieser Rassen einfach etwas Anderes, für sie Interessantes, verteidigen: So wie mein Freund Alof, ein Berner Sennenhund, der die Sitzbank seines Herrchens im Stadtpark gegen jeden verteidigt …

Hirten- und Herdenschutzhunde wurden Bauernhunde, die nicht direkt am Hof lebten. Zu ihnen zählen der Maremmano-Abruzzese, der Anatolische Hirtenhund, Pyrenäenberghund oder der Kuvasz. Sie finden ihre rassenspezifischen Aufgaben noch in den Gebirgsregionen Süd- und Osteuropas sowie in Asien, wo es noch oder wieder Wölfe und Bären gibt, vor denen die Schafherden geschützt werden müssen. Sie sind ebenfalls sehr groß und haben ein mindestens ebenso ausgeprägtes Territorialverhalten wie die Bauernhunde. Außerdem leben sie selbständig und sind misstrauisch gegen alles Fremde. Denn sie sollten ursprünglich Vieh- und Schafherden gegen Wölfe, Bären, Luchse und auch Nutztierdiebe verteidigen.

Treibhunde sind etwas kleiner, dafür aber sehr wendig, denn sie mussten den Tritten der Rinder beim Treiben ausweichen können. Sie verfügen über Ausdauer, viel Temperament und Mut, da sie sich von einem wehrhaften Rind nicht beeindrucken lassen durften. Typisch für diese Rassen sind das laute Bellen und das „Zwicken“ in die Fesselgelenke. Appenzeller- und Entlebucher Sennenhund sind Vertreter dieser Rassen; auch der Rottweiler, der jedoch das meiste dieses ursprünglichen Verhaltens heute bereits verloren hat.

Schäferhunde, auch Hütehunde genannt, arbeiten ähnlich. Wie der Name sagt, hüten diese Hunde einfach alles. Der Border Collie Guar und der Australian Shepherd Diano beispielsweise hatten an ihrem ersten Hundeschultag nichts Besseres zu tun, als ihre Artgenossen zu hüten, denn Schafe gab es leider nicht. Die Hundetrainerin war deshalb ziemlich genervt. Schäferhunde sind mittelgroße Hunde, die sehr schnell sind und über eine ausgeprägte Ausdauer verfügen. Sie arbeiteten ähnlich wie die Hirtenhunde, jedoch weniger selbständig und deshalb immer in enger Bindung an ihren Menschen.

Sie sind sehr wachsam und bellfreudig. Um sich gegen wehrhafte Schafe durchzusetzen, mussten sie die Schafe auch packen können. Dieses Packen durfte aber keinesfalls zu fest ausfallen, damit die Schafe nicht verletzt wurden. Das feinnervige Differenzierungsvermögen führte dazu, dass viele unserer heutigen Diensthunderassen aus den alten Schäferhunden entstanden sind. Häufige Vertreter der Diensthunde sind beispielsweise Hovawart, Deutscher Schäferhund, Dobermann, Airedale Terrier und der für militärische Zwecke genutzte Schwarze Russische Terrier. Diese Rassen wurden speziell für den Schutzdienst selektiert. Ihre Vertreter müssen deshalb in Konfliktsituationen übermäßig aggressiv reagieren und auch beißen.

Um diesen Schutztrieb unter Kontrolle zu halten – vor allem, wenn solche Hunde in einer Familie leben – müssen sie sehr früh, gut und lange in ihrem Umfeld sozialisiert und eingewöhnt werden.

Doggenartige Hunde, auch Molosser genannt, wurden zwar auch als Wachhunde, vorwiegend jedoch zum Kampf gegen Bären und Bullen gehalten. Einige von ihnen, zum Beispiel der Broholmer, dienten auch als schwerere Jagdhunde für die Wildschwein- oder Bärenjagd. Die große Körpermasse ist das typische Merkmal dieser Rassen. Hinzu kommt bei fast allen der relativ breite, aber dafür im Schnauzenbereich kurze Schädel. Bekannteste Vertreter dieser Rassen sind der Mastiff, der Mastino Napoletano und der Boxer.

Die Spitze machen ebenfalls eine große Rassengruppe im Hundekanon aus. Hört man „Spitz", so hat man ein bestimmtes Erscheinungsbild eines Hundes vor sich: Kurze Stehohren, spitze Schnauze und eine Ringelrute. Bei den Spitzen ist zwischen den Nordischen Hunden und den asiatischen und europäischen Spitzen zu unterscheiden.

Die Nordischen Hunde sind in drei Untergruppen zu unterteilen: Nordische Schlittenhunde, wie Siberian Husky, Alaskan Malamute, Grönlandhund und Samojede, die für ihr Leben gern laufen, zeigen keine besondere Wachsamkeit und sind kaum anhänglich. Dafür jagen sie gern. Für Nordische Jagdhunde, wie Laika, Finnenspitz, Jämthund und Norwegischer Elchhund, ist – ihr Name sagt´s – die Hetzjagd gar ihr Leben. Die Nordischen Hütehunde dagegen, wie Schwedischer Lapphund und Norwegischer Buhund, zeigen kaum Jagdpassion, bewachen dafür gern.

Die asiatischen Spitze zeigen je nach ihren Aufgabengebieten Unterschiede in den Rasseeigenschaften: Der sehr lernfähige Eurasier geriet zum exzellenten, bewegungsfreudigen Begleit- und Schutzhund mit sehr sensiblem Wesen. Der Kishu wurde speziell als Jagd- und Wachhund und der kleine Japan-Spitz als Haus- und Familienhund gehalten, der keinen Lärm machen durfte – daran hält er sich noch heute.

Die europäischen Spitze, wie Wolfs- oder Deutscher Spitz und Volpino Italiano, begleiteten die Fuhrmänner und waren wegen ihrer Wachsamkeit bestens bekannt. Im Mittelalter nannte man sie „Mistbeller".

Pinscher und Schnauzer waren ebenfalls Begleithunde der Fuhrmänner und Stallknechte, kurz: Des normalen Volkes. Das Freihalten der Ställe von Ratten und Mäusen kam solchen Hunden zu. Sie begleiteten und bewachten aber auch die Fuhrwerke.

Daher sind diese Hunde besonders bewegungsfreudig und besitzen ein ausgeprägtes Territorial- und Jagdverhalten. Außerdem sind sie extrem bellfreudig.

Begleithunde sind auch heutzutage noch die Zwerg- oder Schoßhunde. In der Vergangenheit wurden sie auch „Salon-“ oder „Damenhündchen“ genannt. Zu ihnen zählen beispielsweise Pekinese, Havaneser, Malteser und Bologneser.

Diese Rassen eignen sich besonders gut für ältere Menschen, da sie nicht ganz so viel Bewegung brauchen. Weil diese Rassen so sehr auf ihren Menschen bezogen sind, neigen sie oft zu Trennungsängsten. Sie müssen deshalb sozialisiert und gut trainiert werden.

Erblich bedingt, neigen diese Rassen teilweise zur Wasserkopfsucht, die unter anderem auch Lernschwierigkeiten mit sich bringt.

Jagdhunde kann man anhand ihrer Spezialisierung unterteilen. Grundsätzlich jagt nahezu jeder Hund gern. Doch die Jagdhunde im engeren Sinne weisen je nach ihrer Verwendung besondere, ausgeprägte Fertigkeiten in ihrem Aufgabengebiet auf.

Niederläufige Jagdhunde wie der Dackel haben es auch heute noch „im Blut", alles zu suchen und zu töten, was klein ist und „quietscht" oder „fiepst". Nicht nur Kaninchen. Deshalb sind sowohl niederläufige Jagdhunde als auch Pinscher und Schnauzer eigentlich nicht für Familien mit kleinen Kindern geeignet.

Das kann ich Euch an dem Beispiel von Brisco zeigen: Der Rauhaardackel Brisco wurde von einer Familie mit einem sechs Monate alten Kind übernommen. Brisco erschien der Familie von Anfang an sehr lieb und lustig. Er zeigte immer ein „besonderes Interesse" an dem schreienden Kind, was Herrchen und Frauchen jedoch als Wachsamkeit und Liebe zu dem Kind interpretierten. Eines Tages ließen die Eltern das Kind auf dem Teppich im Wohnzimmer kurz unbeaufsichtigt – Brisco würde schon aufpassen. Das Kind fing an zu schreien; in Briscos Hirn jedoch kam das als Fiepen und Quietschen an. Brisco biss daher reflexartig zu – und war sogar davon überzeugt, Angemessenes getan zu haben. – Er hatte jedoch noch Glück. Statt eingeschläfert zu werden, landete er „nur" im Tierheim, auf seinen Papieren wurde er als „Kinderbeißer" vermerkt, sodass er wohl noch lange dort sitzen wird. Aber trägt mein armer Artgenosse denn „Schuld", dass dieses Verhalten in seinem Naturell liegt? – Brisco sah das schreiende Kleinkind stets als potenzielle Beute an.

Bevor man sich für eine Hunderasse entscheidet, sollte man sich über die eigene Familienkonstellation und die Erwartungen an das Tier informieren. In guten, objektiven Büchern oder bei einem kompetenten, im Gegensatz zu Züchtern unparteiischen Tierarzt. Das Gespräch würde sich sicherlich lohnen und verbindet schon mit dem neuen „Familienarzt".

So genannte Schweißhunde wie Bayerischer Gebirgsschweißhund und der ältere, mächtige Hannoversche Schweißhund mit ihrem extrem ausgeprägten Riechvermögen werden auf „Schweißfährten" – so heißen in der Jägersprache Blutspuren – angesetzt und führen den Jäger zum Beispiel zum angeschossenen, geflüchteten Wild. Die lauffreudigen Bracken dagegen – so der ausdauernde, älteste Vorstehhund Europas, der Bracco Italiano – und alle anderen Vorstehhunde wie Pointer, Setter und Griffons dienten außer dem Vorstehen und Apportieren auch dem „Wild abwürgen".

Wasserjagdhunde apportieren Jagdbeute aus dem Wasser, so die Retriever. Zudem noch im Wasser zu suchen und zu hetzen beherrschen grandios etwa Lagotto Romagnolo, Pudel oder American- und Irish Water Spaniel.

Stöberhunde wie Spaniel oder Deutscher Wachtelhund sind passionierte Waldliebhaber. Windhunde, von dem kleinen Italienischen Windspiel bis hin zum riesigen Irish Wolfhound, sind extrem schnell und jagen auf Sicht. Alles, auch was sich weit entfernt bewegt, kann eine potenzielle Beute sein. Je schneller die Beute sich bewegt, umso interessanter ist sie.

Ursprüngliche Jagdhunde sind auch die Terrier. Durch eine besonders große Diversifizierung in verschiedene Terrier-Rassen zeigt diese Rassengruppe weit gefächerte, unterschiedlichste Begabungen für verschiedenste Aufgabengebiete.

5

Meine Sprache, meine Stellung – Kommunikation und soziale Hierarchie

Lebewesen interagieren und kommunizieren miteinander. Aber wo liegt der Unterschied? Eine gut befreundete Fachkollegin meines Herrchens, nämlich Deutschlands berühmteste und weltweit bekannte Kynologin Frau Dr. Dorit Urd Feddersen-Petersen, hat die Sache wunderbar auf den Punkt gebracht: Als Interaktion wird jede Verhaltensweise eines Tieres bezeichnet, die mit einer Wahrscheinlichkeit, die als nicht zufällig abgesichert werden kann, eine beobachtbare Verhaltensmodifikation des Adressaten bewirkt. Interaktion geht damit fließend in Kommunikation über. Diese liegt dann vor, wenn während der Interaktion Signale zu identifizieren sind, was überwiegend der Fall ist. Kommunikation ist die wechselseitige Form der Informationsübertragung. Sie ist nicht zufällig und benötigt einen Sender und mindestens einen Empfänger, der in der Lage ist, die Information des Senders zu entschlüsseln. Mein Herrchen hat das Glück und die Ehre, mit Frau Dr. Feddersen-Petersen

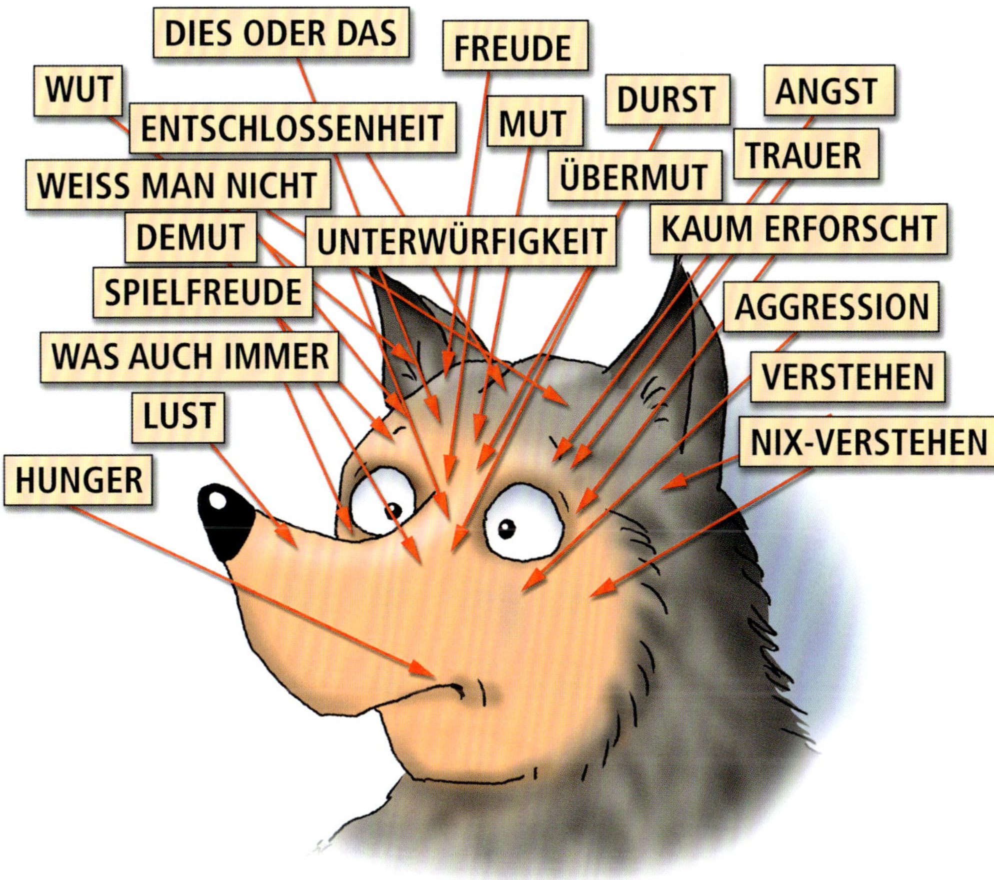
DIES ODER DAS
FREUDE
WUT
ENTSCHLOSSENHEIT
MUT
DURST
ANGST
ÜBERMUT
TRAUER
WEISS MAN NICHT
DEMUT
UNTERWÜRFIGKEIT
KAUM ERFORSCHT
SPIELFREUDE
AGGRESSION
WAS AUCH IMMER
VERSTEHEN
LUST
NIX-VERSTEHEN
HUNGER

intensiv zusammen zu arbeiten. Von ihr hat er schon sehr viel gelernt und wird mit Sicherheit noch einiges lernen können und das ist für uns Hunde nur von Vorteil!

Die Menschen sind das beste Beispiel für Gesprächskreaturen. Diese Art der Kommunikation wird auch „digitale" oder „verbale" genannt. Sie enthält Logik und Syntax. Ihr redet und redet und redet. Selbst ohne Euch zu sehen, könnt Ihr zum Beispiel dank des Telefons kommunizieren. Mir ist aufgefallen: Dies funktioniert bei den weiblichen Individuen Eurer Art offenbar besonders gut …

Wir Hunde dagegen sind Beobachtungstiere. Allein dieser Gegensatz führt bereits oft zu Missverständnissen zwischen den Spezies Hund und Mensch. Wir Hunde kommunizieren ausgeprägt im Wortsinn „augensichtlich" – wir tauschen uns aus durch Mimiken und Gestiken. Selbstverständlich spielt die Geruchskomponente bei uns ebenso eine sehr wichtige Rolle: Wir können auch unter anderem olfaktorisch miteinander kommunizieren. Um genau zu sein kann ich Euch verraten, dass wir über ein Multi-Kanal-System kommunizieren, das heißt: optisch, akustisch, taktil, olfaktorisch und gustatorisch. Wir kommunizieren also auch chemisch.

Unsere Art der Kommunikation wird auch „analoge" oder „non verbale" genannt.

Während Ihr Menschen Euch gleichzeitig der digitalen und analogen Kommunikation bedient, kommunizieren wir Hunde hingegen nur analog.

Tatsächlich ist es so, wenn wir bellen oder andere Lautäußerungen von uns geben, verbalisieren wir nicht, sondern wir vokalisieren (verbalisieren = reden – vokalisieren = Laute von sich geben).

Wölfe verfügen im Kopfbereich über elf Ausdrucksregionen mit jeweils zwei bis dreizehn verschiedenen Signalmöglichkeiten. Bei einem erwachsenen Wolf sind bis zu 60 verschiedene Gesichtsausdrücke zu unterscheiden. Wir Hunde dagegen haben wegen unserer extremen Rassenunterschiede Defizite in der Kommunikationsvielfalt. Je stärker unser Erscheinungsbild von dem unserer Ahnen abweicht, umso mehr verarmt unsere Sichtkommunikation. Die Anzahl möglicher Gesamtausdrücke im Bereich des Kopfes beträgt zum Beispiel beim Zwergpudel 14 und beim Deutschen Schäferhund 16, für den Alaskan Malamute hingegen wurden 43 Minen analysiert.

Mit unserer Rute schaffen ich und meine unkupierten Freunde über zehn unterscheidbare Stellungen mit Signalfunktion. Vielleicht versteht Ihr Menschen nun, warum das in Deutschland verbotene Kupieren von Ohren und Rute uns schwerstens schädigt: Es nimmt uns unsere Sprache!

Wir kommunizieren nie mit einzelnen Signalen. Mimik, Blickkontakte sowie die Körperhaltung und – im Unterschied zum Wolf – auch

die Lautgebung vermitteln eine Sammelinformation über unseren emotionalen Zustand, wenn wir denn „reden".

Wölfe bellen selten, sie heulen meist. Vor allem, wenn sie vom Rudel getrennt sind – als Ortungssignal. Gebellt wird nur im Ernstkampf oder als Warnung gegenüber Jungtieren. Warum wir Hunde bellen, blieb bis heute rätselhaft. Die meisten Fachwissenschaftler, Kynologen genannt, meinen, unser Bellen sei eine domestikationsbedingte, Aufmerksamkeit erheischende Änderung des Ahnenverhaltens. Aber das stimmt nicht hundertprozentig. Beiß-, Kampf- und Rennspiele zum Beispiel werden von spezifischen Bellformen begleitet. Weshalb wir so unterschiedlich und oft bellen, weiß auch ich nicht genau. Und wenn ich es wüsste, würde ich es Euch nicht sagen. Über unser Bellen werden wir Hunde nicht alles verraten.

Aber Ihr sollt wissen: Wir sind, obwohl vorwiegend Beobachtungstiere, sehr wohl in der Lage, mehrere Eurer Wörter zu verstehen. Mein Artgenosse Rico aus Leipzig ist der Beste: Mit insgesamt mehr als 200 verschiedenen Worten übertrifft sein Vokabular sogar das von trainierten Affen, Delfinen, Seelöwen und Papageien. Ein solches Verständnis erfordert langwierige Übungen. Es beinhaltet nicht, dass wir auch Eure Rhetorik, Eure umständliche oder elegante Form des Gesagten, verstehen.

Komplizierte Satzkonstruktionen bleiben uns ein Rätsel. Der Dalmatiner Branko etwa hat ein Frauchen, das stets an einen intellektuellen Partner im Hund appelliert: „Brankilein… wir haben doch darüber gesprochen: Du darfst jetzt bitte nicht im Park bellen. Die Nachbarn halten Mittagsruhe; weißt Du doch, mein Liebster…“. – Der Liebste aber versteht allenfalls die Intention von Gestik und Tonlage: Halt die Schnauze, Hund! – Oft aber kann Branko rein nichts verstehen. Weil er sich bereits aus dem Staub macht, wenn sein Frauchen zur Rede anhebt… – Soll heißen: Wir Hunde brauchen kurze, knappe, prägnante verbale Kommandos.

Wir setzen Kot und Urin sowie Sekrete der Analdrüsen als Duftsignale ein. Dadurch tauschen wir miteinander Informationen aus über Territorium, Rang, Fortpflanzungszyklus. Wo Kot abgesetzt wurde, wird hinterher häufig gescharrt, um die Düfte zu verbreiten. Deshalb ist Hundehaltung ausschließlich auf Betonboden tierschutzwidrig, denn die Scharr- und Grabebedürfnisse bleiben auf solchem Terrain unbefriedigt.

Wir Hunde kommunizieren auch über den Tastsinn, das bezeichnet man als „taktil“. Einen Großteil unserer Tagesaktivität widmen wir gegenseitigem Belecken. So lecken wir uns bei der Begrüßung, der Unterwerfung und im Sozialspiel. In unserer hündischen Kommunikation können wir unterscheiden:

Das Distanzfeld

ist der Bereich der potenziellen Nachrichtenübertragung. Dort lesen wir unter anderem Kot-, Urin- und Analdrüsenmarkierungen. Es handelt sich hier um eine Art von Telekommunikation, ähnlich Euren Briefen. Ihr erfahrt etwas über andere, ohne einander zu sehen. Man nennt das ein „orientierendes Verhalten“.

Das Nahfeld

dagegen ist der Bereich, in dem wir direkt miteinander kontaktieren. Es herrscht ein permanenter Informationsfluss und -austausch. Man nennt das ein „orientiertes Verhalten“.

Das Kontaktfeld

ist der engste aller Bereiche. Hier kommt es zu körperlichem Kontakt, also zur taktilen Kommunikation.

Taktil kommunizieren wir zum Beispiel bei Rangauseinandersetzungen, beim Wegdrängen, Hinterteilrempeln, Anrempeln oder Kopfauflegen als Imponiergeste. Das Berühren ist für uns Hunde sehr wichtig. Die meisten Menschen verstehen jedoch falsch, was wir damit meinen. „Den Kopf auf das Menschenbein legen“ zum Beispiel wird von Euch häufig als Aufforderung zum Streicheln interpretiert. Tatsächlich ist es jedoch mitunter eine Imponiergeste. Ihr müsst auf unsere Körperhaltung und Mimik achten und die Situation berücksichtigen, in der wir dieses Verhalten zeigen. Dann müsste alles klar sein. Ebenso werden wir Hunde von den Menschen häufig nur belächelt, wenn wir „aufreiten“, „ihre Beine decken“. Insbesondere wenn eine Hündin so etwas tut oder ein Rüde bei einer männlichen Person, so wird es häufig als Perversität oder tierische Homosexualität verstanden. Der lustige Yorkshire Rammi wurde deswegen sogar kastriert. Sein Verhalten hat sich aber danach keineswegs verändert; nach menschlichem Empfinden rammelte Rammi genauso fröhlich weiter wie zuvor, also alles und jeden.

Das Aufreiten hat jedoch überwiegend rein gar nichts mit sexueller Erregung zu tun! Es handelt sich dabei schlichtweg um eine Imponiergeste oder ein Anzeigen sozialer Ansprüche. Bei Wölfen würde man von Dominanzverhalten sprechen. Bei uns ist alles schwieriger. Wir Hunde benutzen unsere Genitalorgane nämlich ausschließlich, um uns zu vermehren. Eine solch ausgeprägte Vielfalt der Genitalnutzung wie bei der menschlichen Spezies ist uns unbekannt…

Das oberste, unbewusste Ziel eines Lebewesens besteht darin, die eigenen Gene an die nächste Generation weiterzugeben. Biologisch betrachtet wird das „Fitness" genannt! Auch uns Hunden ist ein starker Überlebenswille und das Ziel, möglichst viele Nachkommen zu zeugen, angeboren – auch wenn dieses auf Kosten von Artgenossen geschieht. Die Menschen sagen: Je mehr Nachkommen ein Tier hat, umso größer ist seine „direkte bzw. individuelle Fitness". Es gibt auch eine „indirekte bzw. inklusive Fitness". Sie ist der indirekte genetische Beitrag eines Individuums zur nächsten Generation durch Unterstützung von Verwandten, die nicht seine eigenen Nachkommen sind, wodurch letztlich Verwandte entstehen, die ohne diese Unterstützung nicht existierten. Kurz gesagt: Die Welpen meiner Schwester! Die Summe aus direkter und indirekter Fitness eines Individuums ergibt die „Gesamtfitness".

Über Kommunikation können Rangpositionen geklärt werden; Kommunikation hilft, den Ernstkampf zu vermeiden, wo immer es geht. Kommunikation kann also zur Steigerung der Fitness beitragen.

Damit es aber zu Nachwuchs kommen kann, braucht man einen gesunden und kräftigen Körper, selbstverständlich eine gewisse Intelligenz, einen Fortpflanzungspartner und ein Territorium, das Futter, Wasser, Schutz und die Möglichkeit zum Aufziehen der Jungen bietet. Diese lebensnotwendigen Dinge nennt man „Ressourcen": Also alles, was für den Erhalt und die Steigerung unserer (individuellen) Fitness erforderlich ist.

Die Fähigkeit, für sich solche Ressourcen zu sichern, nennt man „Ressource Holding Potential" (RHP). Das RHP ändert sich ständig im Laufe unseres Lebens, denn es ist abhängig vom Alter sowie vom körperlichen und geistigen Zustand.

Wir Hunde müssen genau wie Wölfe zwingend in einer Gemeinschaft leben, was der Wissenschaftler „sozial obligat" nennt. Um in einer Gesellschaft zusammen zu leben, benötigt man feste Regeln: Eine Rangordnung ist für unser Leben deshalb notwendig. Ohne die würde ständig Streit innerhalb des Rudels entstehen. Denn jedes Tier würde versuchen, die besten Vorteile für sich in Anspruch zu nehmen. Streit im Rudel jedoch wäre für alle Mitglieder nachteilig, denn einzelne Tiere würden schwerstens verletzt werden. Und damit wäre die Fähigkeit der Gemeinschaft zur Verteidigung und zur Jagd beeinträchtigt, das Überleben des Rudels gefährdet. Dank der Rangordnung ist der Zugang zu den vorhandenen Gütern geregelt.

Die Rangordnung

im Rudel ändert sich je nach Lage und Lebensumständen der Gemeinschaft. Bei den Wölfen dürfen sich zum Beispiel nur die ranghöchsten Tiere fortpflanzen. Bei uns Hunden liegt die Entscheidung darüber meist in menschlicher Hand. Uns Hunden ist dies jedoch nicht bewusst; deshalb drängt es uns stets, in einer Gruppe in der Rangordnung aufzusteigen. Rangordnungen bilden wir aber nur untereinander, nicht mit Euch, denn Ihr lebt ja anders.

Ein hoher Rang bzw. ein guter Handlungsspielraum bietet viele Vorteile – vor allem die Möglichkeit, sich fortzupflanzen. Jedem Lebewesen der Erde ist der Drang mitgegeben, seine individuelle Fitness zu vergrößern. Wir verhalten uns deshalb „sozial expansiv", das heißt wir drängen in unserer sozialen Stellung nach oben. Der Drang, in der Rangordnung aufzusteigen, ist aber nicht bei allen von uns gleich stark ausgeprägt.

Dominanz

Es gibt Hunde, die sich sozial expansiver als andere benehmen. Viele Menschen nennen einen extrem sozial expansiven Hund „dominant“. Wie oft muss ich beim Spazierengehen mit meinem Herrchen hören: „Oh, Sie haben einen so ausgeglichenen Hund. Meiner dagegen ist ein beherrschendes Tier. Ich kann mit ihm weder in eine Hundeschule noch ihn mit anderen Hunden spielen lassen, weil er alle attackiert. Er ist so dominant. Er ist sicherlich ein ‚Alpha-Tier‘ „.

Das ist aber falsch! Solche Hunde befinden sich weit weg von der ranghöheren Position. Meistens verhalten sich einige von uns so, weil sie entweder vom Menschen oft unbewusst falsch oder gar nicht erzogen worden sind. Dominanz bezeichnet eine Eigenschaft von Beziehungen und nicht von Individuen.

Das Wort „Dominanz“ beschreibt lediglich das Verhältnis zweier Lebewesen zueinander, aber nicht Wesen oder Charakter eines einzelnen Tieres.

Dominanz ergibt sich aus dem Umgang zweier Individuen miteinander, nicht im Umgang mit einer Gruppe. Beide Tiere sammeln Informationen über die Stärken und Schwächen des anderen. Dominanz bezeichnet also eine Regelhaftigkeit in einer dyadischen Beziehung, also in einer Beziehung zwischen jeweils zwei Tieren.

Dominanz ist nicht angeboren, sie entwickelt sich bestimmten Tieren gegenüber – oder eben auch nicht. Sie ist immer abhängig von den Fähigkeiten oder Möglichkeiten des anderen Hundes. Jeder Hund kann sich demnach dominant verhalten und tut es dann auch, wenn das Gegenüber dies zulässt. Das ist ein fachlich fest stehender Begriff, der oft so mir nichts dir nichts für eine subjektive Ausrichtung missbraucht wird.

Rangpositionen

Aus den Dominanzbeziehungen wird dann auf die Rangordnung oder Hierarchie rückgeschlossen. Es handelt sich dabei um die Gesamtheit aller Dominanzbeziehungen.

Wenn ein Hund auf die Welt kommt, wird er in eine bestehende soziale Struktur und ein Gefüge von Beziehungen hineingeboren. Während wir uns innerhalb dieser sozialen Hierarchie entwickeln, lernen wir von der Mutter, den Geschwistern und anderen Gruppenmitgliedern Verhaltensweisen für den Umgang miteinander, zum Beispiel lernen wir miteinander zu kommunizieren und die verschiedenen sozialen Positionen zu akzeptieren. Nur unter lebenswichtigen Umständen werden sie infrage gestellt. Keiner profitiert davon, wenn es innerhalb der sozialen Gruppe unnötige Streitereien gibt. Tiere mit großem Handlungsfreiraum haben es zumeist nicht nötig, übermäßig aggressives Verhalten zu zeigen, weil ihre Position selten ernsthaft gefährdet wird. Ranghöhere Wölfe zum Beispiel haben meist nicht die schärfsten und längsten Zähne. Sondern sie verfügen über eine höhere soziale Intelligenz, lernen besonders schnell und können sich kraft ihrer Erfahrung und Begabung durchsetzen. Ranghöhe und Autorität beruhen nicht auf körperlicher Überlegenheit, sondern auf Führungsqualitäten. Ranghohe Wölfe und auch Hunde sind eben souveräne Tiere. Frau Dr. Esther Schalke, die nette und kompetente Fachkollegin meines Herrchens, fasste das trefflich zusammen: „Wer es nötig hat, zeigt Zähne“. – Ich mag das Wort „dominant“ nicht. Ich denke, es gibt Hunde, die sozial expansiver sind als andere, ranghöhere und rangniedrigere Tiere eben.

Das wird auch durch die möglichen Rangordnungen nicht nur unter Haushunden, sondern auch bei Wölfen bewiesen. Hier gibt es zum Beispiel zirkulare Rangordnungen, auch Dreiecksbeziehung genannt, wo A B dominiert, B über C dominant ist, der seinerseits A dominiert, und die transitive Rangordnung. Diese unterteilt sich in eine pyramidale Form, wo A jeweils B und C dominiert, und in lineare Form, wo A die Tiere B und C und B C dominiert.

Durch Beziehungen unterschiedlicher Qualität kommt es zu abhängigen Rängen: In An- oder Abwesenheit bestimmter Tiere kann ein Individuum im Rang „auf-“ oder „absteigen“.

Zirkulare Rangordnung
(Dreiecksbeziehung)

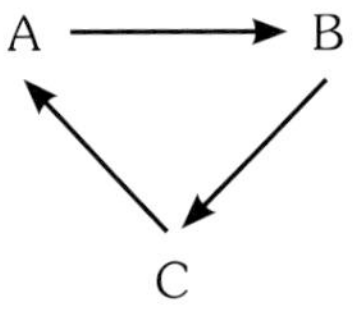

Transitive Rangordnung
(Pyramidale Form)

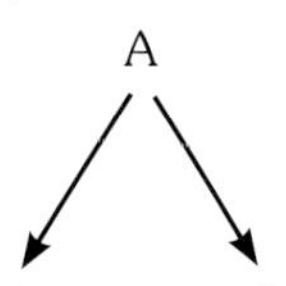

Transitive Rangordnung
(Lineare Form)

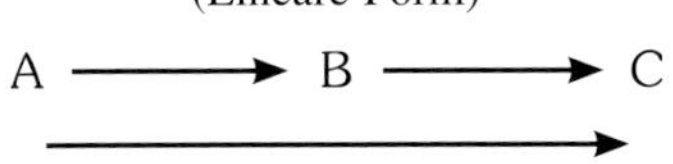

Alpha-Tiere und Ranghöhere

In einer Gruppe von Ranghöheren gibt es auch nicht nur ein „Alpha-Tier“. Je nach Notwendigkeit in der Situation der Gruppe übernimmt jenes Tier die Führung, das in dieser Lage und in diesem Moment gerade die beste Auffassungsgabe hat. Jenes Tier, das sein Rudel Erfolg versprechend leiten kann. Selbstverständlich sind es häufig dieselben Tiere, die die führenden Rollen übernehmen. – Deshalb rede ich immer von „ranghöheren“ Tieren und nicht von „dem Alphatier“.

Um Führungsqualitäten zu haben, muss man souverän sein und stets den Eindruck erwecken, alles unter Kontrolle zu haben. Die Deckung des täglichen Bedarfs und die Schadensvermeidung seiner Mitglieder sind die wichtigsten Dinge, die eine Gruppe intern regeln muss.

Ständige Auseinandersetzungen wegen – für die Gemeinschaft unwichtiger – Kleinigkeiten würden nur psychische und körperliche Kräfte kosten. Ein geordnetes und entspanntes Zusammenleben im Rudel wäre unmöglich. Daher vermittelt es uns Hunden Sicherheit und eine gewisse Gelassenheit, wenn wir unsere Position in einer festen Rangordnung eindeutig zugewiesen bekommen.

Und das gilt nicht nur für eine Hundegruppe, sondern auch für den Hund in einer menschlichen Familie. Mein Herrchen hat mir in seiner Familie meinen festen Platz zugeteilt, hat mir vermittelt: „Dies, Dik, darfst du. Und jenes darfst du nicht.“ Denn ich Hund brauche eine klare Positionszuweisung, um zufrieden zu sein.

6

So werde ich, was ich bleibe – Sensible Phasen, Sozialisation und Habituation

Entwicklungsphasen

Hündinnen werden zirka alle sechs Monate läufig. Nur dann sind sie bereit, sich zu vermehren. Wenn ich mich als Rüde mit einer läufigen Hündin paare, kann diese trächtig werden. Dann werde ich nach etwa 63 Tagen Papa. Unsere Babys werden Welpen genannt. Anders als Ihr Menschen bekommen wir mehrere Nachkommen gleichzeitig – ich kann mit einem Wurf Vater von einem bis sogar zwölf Welpen werden.

Während wir Hunde im Leib unserer Mutter wachsen, befinden wir uns in der so genannten „pränatalen Phase". Obwohl es kaum zu glauben und bisher wenig erforscht worden ist, nehmen bereits im Bauch unserer Mutter verschiedene Faktoren Einfluss auf unser späteres Verhalten. Die kleine Attacca und ihre Schwester Abriga zum Beispiel sind die einzigen Hündinnen in einem Wurf von insgesamt zehn Welpen. Schon seit ihren ersten Lebenswochen reagieren die beiden ohne wirklichen Grund auf alles relativ aggressiv.

Mein Herrchen hat mir erklärt, dass es zur Vermännlichung der weiblichen Tiere kommen kann, wenn ein Wurf fast ausschließlich aus männlichen Hunden besteht. So etwas nennt man „Maskulinisierung", und diese kann dann bereits solche Verhaltensveranlagungen mit sich bringen. Solche Hündinnen können später aggressiver reagieren, besonders dann, wenn eine hormonelle Umstellung durch eine Kastration hervorgerufen wird. Die Zeit im Mutterleib ist also für unsere Nachkommen genauso wichtig wie für Eure.

Vom Geburtstag bis zum 14. Lebenstag befinden wir Hunde uns in der so genannten Neugeborenen- oder „neonatalen Phase". In dieser Phase sind wir kleine schlafende Fressmaschinen, denn unser Leben besteht in dieser Zeit ausschließlich aus Ruhe und Fütterung. Wir sind vollkommen auf unsere Mutter angewiesen, die uns wärmt, füttert und uns ermöglicht, Kot und Urin auszuscheiden. In den ersten sieben bis zehn Tagen können wir weder hören noch sehen. Auch unser Geruchssinn ist noch wenig entwickelt, taugt nur für kurze

Distanzen. Wir können aber bei Hunger und Kälte schon leise „winseln“ oder laut „fiepen“, damit Mami zu uns kommt. Ebenso können wir im Kreis kriechen und mit dem Kopf wackeln. Suchpendeln wird das genannt. Das ist wichtig, um die Milchbar an der Mutter finden zu können.

Zwischen dem 15. und 21. Lebenstag befinden wir uns in der Übergangs- oder „transitionalen Phase“. In diesem Abschnitt machen wir schon riesige Fortschritte, um unabhängiger zu werden. Wir können mit unserer Stimme gezielter und besser umgehen; wir sind nicht mehr von der Hilfe unserer Mutter abhängig, um unsere kleinen und großen Geschäfte zu erledigen. Bereits jetzt „prägen“ wir uns gut ein, auf welchem Untergrund solche Geschäfte erledigt werden! Wir beginnen, rückwärts zu kriechen und mit der Rute zu wedeln. Am Ende dieser Phase können wir schon ganz gut laufen. Und wir fangen sogleich an, das Nest zu verlassen. Wir beginnen auch bereits, auf Menschen und andere Tierarten in näherer Umgebung zu reagieren.

Die Zeit zwischen der dritten und achtzehnten Lebenswoche ist die entscheidende Lebensphase für uns Hunde, was das Lernen und die Vorbereitung auf Später angeht. Die Dauer dieser Phase kann je nach Rasse und Hund etwas variieren. Die von mir genannten Zeiten sind nur Faustzahlen, die für die meisten meiner Artgenossen zutreffen.

Vergesellschaftung und Gewöhnung

Die Wochen 3–18 beinhalten eine prägungsähnliche Phase, in der wir eine schnelle Entwicklung sozialer Verhaltensmuster durchlaufen und lernen, diese „richtig“ zu kombinieren. In dieser sensiblen Phase vollziehen sich „Sozialisation“ und „Habituation“: Sozialisation ist das Kennenlernen des Umgangs mit Artgenossen und anderen Lebewesen sowie der Umwelt mit dem Sozialpartner. Habituation meint die Gewöhnung an die unbelebte Umwelt, also an Geräusche oder an den Anblick von Dingen. Da für uns Hunde die Mitglieder der Gruppe verschiedene Artgenossen, Menschen jeden Alters und auch andere Haustiere sein können, ist unsere Sozialisation wesentlich komplexer als die unserer Ahnen, der Wölfe. In dieser Zeit „prägen“ wir uns auf verschiedene Artgenossen, auf Menschen, auf verschiedene Tierarten und auf verschiedene unbelebte Objekte und Situationen.

In dieser Zeit lernen wir das Wichtigste, um mit den Menschen und in deren Welt überhaupt gut leben zu können. Wir lernen, uns darauf einzustellen und uns anzupassen. Unsere Mutter entfernt sich nun schon öfter schrittweise von uns, und wir beginnen, uns in Gruppen zu bewegen. Ab und zu werden schon die ersten sexuellen Verhaltensweisen und Gruppenangriffe auf einzelne Tiere geübt. Das geschieht zumeist im Spiel, da können wir lernen, ohne negative Folgen, ganz entspannt. Wir können nun beim Schlafen unsere Blase kontrollieren und anhalten, müssen dafür aber umso häufiger, während wir wach sind. Ab der 9. Lebenswoche suchen wir zum „Pipi-Machen“ regelmäßig bestimmte Stellen auf.

Beißhemmung

Die Beißhemmung ist nicht angeboren, sie muss uns in dieser Phase beigebracht werden. Genauso müssen wir die Körperpflege lernen und auch, dass unser Körper von Menschen angefasst werden darf.

Ihr fragt Euch, wie man uns die Beißhemmung beibringt? Mit uns zu reden bringt kein positives Resultat. Die Ansprache würde uns vielmehr verwirren und schon würden die ersten Kommunikationsprobleme auftauchen.

Das Beste, was Ihr Menschen machen könnt: Nutzt unser Interesse am Spiel aus! In dieser Phase spielen wir Welpen sehr gern und sehr viel. Im Spiel mit dem Sozialpartner Mensch beißen wir bisweilen. Aber beim Beißen hört der Spaß auf! Das verstehen wir rasch, wenn der Mensch laut wird und das Spiel unterbricht. Dann muss er sich abwenden und uns ignorieren. Das gleiche solltet Ihr auch machen, wenn wir nur auf Kleidungsstücke oder Ähnliches beißen. Wir müssen lernen, mit Menschen stets vorsichtig umzugehen – durch Eure Ignoranz kapieren wir das schnell, denn dann ist das schöne Spiel zu Ende! Eigentlich ganz einfach, oder?

„Nackenfellschütteln“

Keinesfalls dürft Ihr uns wie folgt körperlich züchtigen! Das oft propagierte „Nackenschütteln" ist unpassend, schädlich und abträglich. Eine solche Zurechtweisung stammt aus dem Funktionskreis des Beutefangverhaltens, wird ansatzweise und mit Hemmung im Spiel der Welpen gezeigt und ansonsten, um Mäuse oder andere kleine Beutetiere zu töten. Die Mutterhündin schüttelt nicht zwecks Bestrafung; die strafende Hündin packt die Welpen, stößt sie um und notfalls zwickt sie auch recht unsanft. Allerdings wird ein kleiner Hund, angehoben und stark geschüttelt, schon in große Angst versetzt und auch unter Umständen Verletzungen erleiden. Ein Fellfassen und angemessenes Herunterdrücken unter gewissen Umständen wäre dagegen bei einem recht sozial expansiven Junghund unbedenklich und wirkungsvoll, zeitlich unmittelbar dem nicht geduldeten Verhalten folgend. Das wurde auch von Frau Dr. Feddersen-Petersen während ihrer wissenschaftlichen Studien festgestellt.

Was aber noch unbedingt zu bemerken wäre, ist, dass unprofessionelle durchgeführte Abstrafungen einen Welpen in einen großen Angstzustand versetzen. In seiner Panik kann das junge Tier ganz sicher nicht die Verknüpfung zwischen seinem nicht erwünschten Verhalten und dem Sinn der Abstrafung herstellen.

Müheloses Lernen

Jede Kreatur hat in der besonders intensiven und zeitlich begrenzten Phase des „prägungsähnlichen Lernens" in seinem Gehirn „Lernfenster": Wir lernen in diesen Zeiten ohne Motivation, das heißt, ohne belohnt werden zu müssen – das Lernen ist Selbstzweck, macht Spaß und kostet keine Anstrengung. Das kann ich am Beispiel meines Herrchens erläutern: Er lernte die deutsche Sprache erst im Alter von 22 Jahren, als er nach seinem Physikum von der italienischen Universität in Pisa nach Hannover kam, um dort sein Studium fortzuführen. Egal, wie sehr er sich auch heute noch Mühe gibt: Man wird in seinem Deutsch immer den italienischen Akzent heraushören. Menschen jedoch, die bereits im Kindesalter aus dem Ausland nach Deutschland kommen, sprechen später als Erwachsene einwandfreies Deutsch, während ihre Eltern sich damit schwer tun. Denn bei den Kindern prägt sich die Fremdsprache noch mühelos ein, während die Älteren, so auch mein Herrchen, sie nur noch mit Fleiß erlernen können. Zwischen der Intensität von prägungsähnlichen Lernvorgängen und späterem Lernen liegen Welten, auch bei uns Hunden. Je mehr Lebensfacetten uns in der Prägungsphase zukommen, umso unproblematischer finden wir uns später in der Welt der Menschen, die unsere Umwelt wurde, zurecht. In dieser Phase legen wir ein Muster an, nach dem wir unser gesamtes späteres Leben gestalten. Eine in dieser Zeit mangelnde Sozialisierung hemmt die Entwicklung und die Reifung unseres Gehirns.

Bei wildlebenden Hunden werden die Welpen mit vier bis fünf Wochen dem Rudel vorgestellt. So wechseln ständig neue Sozialkontakte mit Phasen der Absonderung, in denen einzelne Welpen auch der Frustration des Alleinseins ausgesetzt sind, bevor sie in das Rudel eingegliedert werden. Außerdem wechselt die Mutter zwischen der dritten und fünften Woche mit dem Wurf fünf- bis zehnmal „ihr Nest". So finden sich die Welpen ständig in einer neuen Umgebung wieder, die sie erforschen und in der sie neue Eindrücke sammeln können. So „prägen" sich Welpen das Sozialverhalten, die innerartliche Verständigung, ein. Und sie machen notwendige Erfahrungen für ihre weitere Lebensentwicklung.

Durch zu wenige Kontakte in dieser Phase mit Menschen, verschiedenen Artgenossen, Tierarten sowie der Umwelt entstehen nervöse, unsichere Hunde. Diese zeigen unangemessene Reaktionen, wenn eine Situation unbekannt ist. Eine mangelhafte Sozialisation und Habituation, beispielsweise durch isolierte oder extrem reizarme Aufzucht, nennt man „Deprivation". Deprivationsschäden sind kaum oder gar nicht wieder gut zu machen, je nach Grad der Schädigung!

Was Deprivation bewirkt

Das Aufwachsen unter deprivativen Umständen verursacht Schäden unter anderem im dopaminergen System des Gehirns, in der Wirkung vergleichbar mit einem extrem massiven Missbrauch von Metamphetamin. Methamphetamin wirkt selektiv toxisch auf das dopaminerge System.
Die typischen Symptome des Deprivationssyndroms sind: Allgemein ängstlich-nervöses Verhalten, gestörte Angst- und Erregungskontrolle, gestörte Frustrationskontrolle, verstärkte Neigung zu übermäßig aggressivem Verhalten, Entwicklung von Zwangsverhalten, Hyperaktivität, Hypervigilanz, ein gestörtes Lernverhalten, Hypersexualität und eine verstärkte Neigung zu Trennungsstress und zur Entwicklung von Angststörungen.

Verantwortungsvolle Züchter

Die ersten Lebenswochen mit Sozialisation und Habituation sind also für unser ganzes Leben extrem wichtig. Da wir meistens erst ab der neunten Lebenswoche von unserer Hundezur künftigen Menschenfamilie abgeholt werden, können wir zu dieser Zeit bereits Defizite haben, die unsere weitere Entwicklung stark beeinflussen.

Verantwortungsvolle Züchter kümmern sich deshalb bereits ab der Wurfkiste aufmerksam und liebevoll um unsere Sozialisation. Von solchen Züchtern wird oft unter anderem erbeten, dass uns unsere künftigen Menschen regelmäßig schon ab der vierten, spätestens ab der fünften Lebenswoche besuchen. So kann das intensive Lernen rechtzeitig stattfinden, und die plötzliche Trennung von unserer Mutter, den Geschwistern und von der bis dahin vertrauten Welt gerät weniger traumatisch für uns. Wendet Ihr Menschen Euch bitte nur an solche Züchter! Die wissen auch, dass für Welpen im Alter von sechs bis sieben Wochen die Umwelterfahrung in der Sicherheit der Hundefamilie besonders wichtig ist. Ein Umsetzen in dieser Zeit darf nicht sein; es verursacht meist spätere Verhaltensstörungen.

Erfahrungen im neuen Zuhause

Trotzdem erlebt der Welpe bei der Übergabe an die neue Familie zunächst einen Schock! Die Mutter und die Geschwister fehlen, die gewohnte Umgebung wird vermisst und die bisher gemachten Erfahrungen gelten eventuell nicht mehr. Der kleine Doggen-Mix Nicki zum Beispiel konnte nicht verstehen, warum er plötzlich in seinem neuen Zuhause seine Geschäfte nicht mehr auf Fliesen verrichten durfte. Gleichzeitig lernte er aber schnell, dass

er sich nun bewegen konnte, wie er wollte, und dass er ohne Konkurrenten fressen konnte, bis er satt war. Er musste zwar leider allein schlafen, doch er bekam rasch mit, dass er das Zentrum dieser neuen Welt war. Alles drehte sich um ihn. Seine größten Erfolge erzielte Nicki, wenn er sich aus Menschensicht unbotmäßig verhielt. Er schlich sich beispielsweise gern an, um Speisen vom Tisch zu stibitzen. Was dann immer folgte, verunsicherte und bestärkte ihn gleichermaßen: Alle Menschen um ihn herum schenkten ihm Aufmerksamkeit. Sie sprachen zwar lauter als sonst, redeten in einer anderen Tonlage und sagten ganz viele lustige Worte wie „Pfui!", „Nicht!", „Nein!" oder „Böse!" – doch wichtiger war: Nicki stand im Mittelpunkt! Toll! Also machte er immer weiter so und sah sich schon bald als der Chef im Hause. „Die

Menschen sind schon komisch“, dachte er, „protestieren nicht, wenn ich Boss sein möchte, aber geben trotzdem nicht klein bei ...“. Ich musste ihm noch sehr viel über die Menschen erklären!

Die in diesen Phasen begonnene Gewöhnung an die belebte und unbelebte Umwelt muss in den folgenden Monaten nach dem Familienwechsel intensiv weitergeübt werden. Ein Hund lernt zwar lebenslang; doch was erst später erlernt wird, verlangt große Anstrengung. Ohne gelungene Sozialisations- und Habituationsphase in den ersten Lebenswochen ist unser Lernvermögen für das ganze Leben stark vermindert. Die Veranlagung für das einfache Sprechen ist bei Euch Menschen angeboren; trotzdem müsst Ihr üben, um markant zu sprechen. Alle angeborenen Eigenschaften müssen dennoch weiter geübt werden, um zur Vervollkommnung zu reifen. Bei uns muss alles Lebenswichtige während der Sozialisation und Habituation erfahren, dann weiterhin trainiert werden.

Unsere Jugendzeit

Ab dem vierten Lebensmonat bis zum Eintritt der Geschlechtsreife befinden wir uns in der „juvenilen Phase“, wir sind Jugendliche, wie es bei Euch Menschen heißt. In dieser Zeit werden die Milchzähne ersetzt und bei männlichen Artgenossen setzt das Markierverhalten ein. Mit 16–18 Wochen haben wir häufig schon bis zu zwei Drittel unseres Endgewichts erreicht. Das Gruppenverhalten zeigt sich deutlicher. Spielerisch wird erstes Sexualverhalten gezeigt. Bei Rüden ist ein genauer Zeitpunkt der Geschlechtsreife nicht deutlich definiert. Bei Hündinnen setzt die Geschlechtsreife leicht erkennbar mit der ersten Läufigkeit ein. In der Jugendzeit können wir es noch nicht – doch gegen Ende der juvenilen Phase zeigen wir ein erstes Territorialverhalten.

Unsere Reifung

Von der Geschlechtsreife bis zum zweiten oder dritten Lebensjahr befinden wir uns in der Reifungsphase. Die soziale Reife erreichen wir Hunde je nach Rasse und Individuum mit 1 1/2 bis 3 1/2 Jahren. Bis dahin durchleben wir nicht nur die körperliche Reifung, sondern auch die Einordnung in unsere soziale Position. Im Alter von etwa acht Monaten bis zu einem Jahr kann es noch einmal eine Phase erhöhter Schreckhaftigkeit geben. Das Leben eines Erwachsenen ist vor allem gekennzeichnet durch die Fähigkeit, sexuell aktiv zu sein. Und die Geburt und Aufzucht eigener Welpen. Grundsätzlich finden Verhaltensänderungen und -anpassungen während unseres ganzen Lebens statt.

7

Nicht immer bin ich stark –

Angst, Furcht und Angststörungen

Während der sensiblen, prägungsähnlichen Phase unseres Lebens, also der Sozialisation und Habituation, bildet sich ab der fünften Lebenswoche in unserem Gehirn ein Muster, mit dem später stets verglichen wird: Bekanntes lässt uns sorglos sein, Unbekanntes jedoch wird mit Unbehagen betrachtet, was sich zu Angst, Furcht und Angststörungen entwickeln kann.

Angst

Angst ist wie Furcht, Freude, Traurigkeit, Überraschung und Ekel ein Grundgefühl. Einige Wissenschaftler zählen auch Liebe und Hass dazu. Aber bleiben wir bei der Angst. Dieser Primäraffekt oder Basisemotion äußert sich in als bedrohlich empfundenen Situationen als Besorgnis und unlustbetonte Erregung. Auslöser können dabei erwartete Bedrohungen, etwa der körperlichen Unversehrtheit, der Selbstachtung oder des Selbstbildes sein.

Angst ist eine angeborene innere sowie äußere Stressreaktion des Körpers auf eine Bedrohung/Gefahr. Sie bewirkt eine Empfindungs-, meist auch Verhaltensänderung, die durch potenziellen oder bereits empfundenen Verlust oder Schmerz – etwa eine Strafe – hervorgerufen wird. Werden wir Hunde bedroht, bewirkt unsere Angst ein Meideverhalten. Sie dient somit dem Selbstschutz. Die Angst ist der wichtigste angeborene Schutzmechanismus. Sie ist ein elementares überlebensnotwendiges Gefühl aller höheren Lebewesen. Angst ist eine adaptive Reaktion, die die Chance zu überleben erhöht. Hätte ich keine Angst, würde ich beispielsweise auch gegen einen Grizzly-Bären antreten. Der übermächtige Bär würde mich fressen oder zumindest lebensgefährlich verletzen. Ohne Angst wäre ich nicht lebensfähig! Geräusche, natürliche Feinde, Gebiete ohne Deckung sowie Schmerzen sind die bedeutendsten angeborenen Angstauslöser bei uns Hunden.

Wir sprechen von Angst, wenn die Vorhersehbarkeit von Umweltereignissen fehlt und uns das Objekt des Unbehagens nicht bewusst ist oder wenn keine Möglichkeit besteht, die Gefahr abzuwenden. Sie bezeichnet also einen Zustand, der durch verfügbare Verhaltensprogramme nicht beseitigt werden kann, sei es durch mangelnde Reizidentifikation oder durch fehlende Verhaltensmuster. Wir müssen, um Angst zu empfinden, nicht erst unbedingt negative Erfahrungen machen.

Der Psychiater und Philosoph Karl Jaspers beschreibt die Angst als „ein häufiges und qualvolles Gefühl. Die Furcht ist auf etwas gerichtet, Angst ist gegenstandslos."

Furcht

Furcht ist das Gefühl einer Bedrohung. Sie bezeichnet die Reaktion der Psyche auf eine gegenwärtige oder vorausgeahnte Gefahr. Furcht bedeutet, dass das Lebewesen Gefahrenmomente erkennt und auch Wege zur Abwehr sucht. Sie wird auch erlernt und ist eine Reaktion auf eine konkrete bewusste Gefahr. Sie tritt in einer von uns zuvor als negativ erlebten Situation auf. Furcht ist durch Erfahrungen bedingt. Sie ist eine emotionale Reaktion eines Lebewesens auf ein anderes Lebewesen, ein Objekt oder eine bedrohliche Situation. Ich kann beispielsweise bereits etwas fürchten, weil ich damit schlechte Erfahrungen gemacht habe. Kurze Erklärung an einem Beispiel: Ein bärtiger Mann schimpft regelmäßig mit mir. Folglich werde ich mit großer Wahrscheinlichkeit Männer fürchten. Vor allem, wenn sie einen Bart tragen. Oder: Eine braune Stute hat mich einst leicht getreten. Folge: Ich werde sehr wahrscheinlich Pferde fürchten, besonders braune Stuten. Unter uns: Mein Kumpel Freddy, ein Spitz, fürchtet schwarze Hunde! Denn als Junghund wurde er von einem schwarzen Dobermann kräftig aufgemischt. Sobald er nun einen schwarzen Hund sieht, versteckt er sich zwischen den Beinen seines Herrchens. Oder er versucht die Straßenseite zu wechseln.

Der Experimentalpsychologe Siegbert A. Warwitz unterscheidet die konkrete Furcht (lateinisch timor) von dem Begriff der abstrakten, diffusen Angst sowie von Panik oder

Phobie. Furcht verfüge über einen innerweltlich erfassbaren Gegenstand, sei meist rational begründbar und auf ein Konkretum gerichtet, das als reale Bedrohung wahrgenommen werde. Sie werde deshalb auch als „Realangst" bezeichnet. Angst hingegen sei ein ungerichteter Gefühlszustand, der als Bestimmtheit die Welterschließung im Ganzen betreffe.

Das ist einer der Hauptgründe, weshalb viele meine Artgenossen bei meinem Herrchen Hilfe suchen und benötigen.

Angststörung ist ein Sammelbegriff für mit Angst verbundenen psychischen Störungen, deren gemeinsames Merkmal exzessive, übertriebene Angstreaktionen trotz Fehlens einer wirklichen äußeren Bedrohung sind.

Praktisch sind jedoch je nach Grad der Abstraktheit/Konkretheit des zugrunde liegenden Vorstellungskomplexes Übergänge zwischen Angst und Furcht möglich!

Phobie – Panikstörung – generalisierte Angststörung

Und jetzt kommen wir zum Problem: Krankhaft übersteigerte oder nicht rational begründbare Angst wird als Angststörung bezeichnet.

Eine psychische Störung ist ein Zustandsbild, das durch krankheitswertige Veränderungen des Erlebens und Verhaltens gekennzeichnet ist.

Ängste können entstehen, ohne dass der Betroffene etwas über deren Herkunft oder die Gründe ihres Verschwindens weiß, während bei der Furcht und Phobie eine relativ genaue Vorstellung des Objektes vorliegt.

Unter Phobien versteht man eine übertriebene Angst vor bestimmten Objekten oder Situationen. Sie gehören, wie eben erwähnt, zur Kategorie der Angststörungen, die neben Phobien auch noch die Panikstörung und die generalisierte Angststörung umfassen.

Eine Phobie bezeichnet allgemein eine übersteigerte Angstreaktion gegenüber eindeutig definierten, objektiv betrachtet ungefährlichen Situationen oder Objekten. Aufgrund der starken Angst wird die Konfrontation damit vermieden oder nur unter massiver Furcht ertragen. Sie ist nicht adaptiv. Dabei können wir uns an das Unbekannte nicht mehr gewöhnen. Man redet auch dann von einer Phobie, wenn Angst oder Furcht vor Objekten, Lebewesen oder Situationen auftritt, obwohl bekannt ist, dass von ihnen keine Gefahr ausgeht. Die Phobie ist eine der höchsten Stufen unserer nervösen Unbehaglichkeit.

Auch unter Euch Menschen sind manche phobisch: Eine Spinne etwa macht Phobiker unruhig, obwohl sie wissen, dass ihnen durch das Tier keine Gefahr droht, bekommen sie im schlimmsten Fall Todesangst …

Laut ICD sind Panikstörungen spontan auftretende Angstattacken, die nicht auf ein spezifisches Objekt oder eine spezifische Situation bezogen sind. Sie beginnen abrupt, erreichen innerhalb weniger Minuten einen Höhepunkt und dauern mindestens einige Minuten an (ICD-10 F41.0). Die Internationale statistische Klassifikation der Krankheiten und verwandter Gesundheitsprobleme (ICD, englisch: International Statistical Classification of Diseases and Related Health Problems) ist das wichtigste, weltweit anerkannte Klassifikationssystem für medizinische Diagnosen.

Es wird von der Weltgesundheitsorganisation (WHO) herausgegeben und oft kurz auch als Internationale Klassifikation der Krankheiten bezeichnet.

Die Panikstörung, auch Paniksyndrom genannt, ist ebenso eine Form der Angststörung. Die Betroffenen leiden dabei unter plötzlichen Angstanfällen, ohne dass objektiv gesehen eine reale Gefahr besteht. Diese Angstanfälle treten in Form von Panikattacken auf, die eine extreme körperliche Angstreaktion („Bereitstellungreaktion") aus scheinbar heiterem Himmel darstellen und von den Betroffenen als extreme Bedrohung ihrer Gesundheit erlebt werden.

Mein Freund Scooby zum Beispiel, eine Promenadenmischung, hat eine „Knallerphobie". Bei seiner ersten Silvesterfeier machten sich besonders nette Kinder aus der Nachbarschaft einen Spaß daraus ihm einen Knaller zwischen die Vorderbeine zu werfen. Mein Freund wurde dadurch für einige Tage fast taub, seine Augen schwollen an, tränten fürchterlich und taten wegen des Knallerschwefels ziemlich weh. Außerdem hatte er einige Tage lang Gleichgewichtsprobleme. Seitdem reicht schon ein kleines ungefährliches „Bumm" und Scooby gerät völlig außer Kontrolle in Panik. Er flüchtet laut jaulend, ohne zu wissen wohin. Egal, wen oder was er unterwegs trifft: Er hört lange erst einmal nicht mehr auf zu laufen. Ich bin sicher, dass er in diesem Moment alles um sich herum ausblendet.

Die generalisierte Angststörung (GAS) ist nach ICD (ICD-10 F41.1) eine Form der „sonstigen Angststörungen". Dabei verselbständigt sich die Angst und verliert ihre Zweckmäßigkeit und Relation.

Es handelt sich dabei um eine diffuse Angst mit Anspannung, Besorgnis und Befürchtungen im Alltag, Ereignisse und Probleme über einen Zeitraum von mindestens sechs Monaten begleitet von weiteren psychischen und körperlichen Symptomen.

Jetzt wurden Euch die Unterschiede zwischen Angst, Furcht und Angststörungen erklärt. In einem weiteren Buch fasse ich „Angst" und „Furcht" unter dem Überbegriff „Angst" zusammen.

Wie bereits gesagt, entwickelt sich bei uns Welpen ab der fünften Lebenswoche das Angstverhalten, welches bereits bis zur Vollendung der achten Lebenswoche zu bevorzugten Reaktionen bei der Konfrontation mit unbekannten Reizen führt. Diese bestimmten Reaktionen können unterschiedlich sein. In Ländern mit englischer Sprache nennt man sie „The 4 F's", was für Flight, Freeze/Faint, Flirt/Fiddle, Fight steht, also Flüchten, Erstarren, Übersprungshandlung, Angreifen. Ich halte jedoch auch das Drohen für eine mögliche Reaktion. Es hat das Ziel, die Bedrohung zu vertreiben.

All diese Verhaltensweisen können Hunde in Angstzuständen zeigen. Je nach Bereich, in dem ich bedroht werde und auf welche Weise dies geschieht, kann ich unterschiedlich reagieren. Innerhalb meines Intimbereichs kann ich beispielsweise auf die gleiche Bedrohung eine andere Reaktion zeigen, als wenn sie in der kritischen oder Fluchtdistanz stattfindet. Die Verhaltensweise, die den meisten Erfolg verspricht, wird ausgeführt. Ob ich in Angstsituationen mit Flüchten, Erstarren, Übersprungshandlung, Drohen oder Angriff reagiere, hängt davon ab, welche angeborenen Komponenten und welche Erfahrungen ich bereits habe. Etwa die Übersprungshandlung: Man versteht darunter, dass jemand immer dann, wenn er zwei gleich starke, aber gegensätzliche Motivationen (wie zum Beispiel „Angriff" oder „Flucht" in einer Bedrohungssituation) verspürt, sich also praktisch weder für das eine noch das andere entscheiden kann, etwas drittes, ganz anderes macht: Er könnte zum Beispiel auf dem Boden riechen, sich kratzen oder sich putzen mit dem Ziel, die Bedrohung zu ignorieren.

Ganz wichtig sind bei unseren Angstreaktionen unsere Erbanlagen. Zum Beispiel leiden Hunde der Rassen Dobermann und Golden Retriever erblich bedingt häufig unter Schilddrüsenunterfunktion, was zu unerwarteten, paradoxen aggressiven Reaktionen führen kann. Und ich verrate Euch: Hütehundrassen neigen stärker dazu, eine Geräuschphobie zu entwickeln als andere Rassen. Beagles reagieren in einer Konfliktsituation meist mit Erstarren, Terrier dagegen eher schnell ausgeprägt aggressiv. Mangel an Erfahrungen, schlechte Erfahrungen oder gar die Kombination von beidem bestimmen, wie wir in Konfliktsituationen reagieren.

Der arme Blacky wurde im vorletzten November auf dem Gehöft eines alten Bauern geboren. Seine Geschwister starben sehr früh an Parvovirose. Blacky überlebte als einziger und lebte danach zwanzig Wochen lang nur mit seiner Mutter auf dem Hof, weit ab von der

Physiologie der Angst

Durch den Angst auslösenden Reiz kommt es zuerst zu einer sofortigen Steigerung der Aktivität des Parasymphatikus durch Erregung des Vagus. Es folgt eine Überproduktion an Speichel, oft begleitet von Erbrechen, einer erhöhten und beschleunigten Darmpassage sowie einer Entleerung der Analdrüsen; mit anderen Worten: der Körper wirft so viel Ballast wie möglich ab. Unmittelbar danach kommt es zu einer sofortigen Aktivierung des Symphatikus-Nebennierenmark-Systems, was zu einer Freisetzung von Adrenalin und Noradrenalin führt. Das verursacht Pupillenerweiterung sowie eine Erhöhung des Blutdruckes, der Herzfrequenz, der Atemfrequenz, des Blutzuckers und der Schweißproduktion. Die Entstehung einer möglichen Denk- und Lernblockade durch die Freisetzung der oben genannten Katecholamine bewirkt, dass das Tier unter Angst oft nicht mehr aufnahmefähig ist und deshalb letztendlich nicht mehr lernen kann.

Stadt und von anderen Menschen. Der kinderlose Bauer kümmerte sich nicht weiter um ihn. Denn wie eine alte Redensart der Bauern sagt: „Was nicht gemolken, geschlachtet oder geritten werden kann, zählt nicht!“. Als die ersten Touristen Blacky im April nach Hamburg mitnahmen, um ihm mit dem Erlebnisausflug in die Stadt einen Gefallen zu tun, geriet er in Panik. Viele fremde Menschen, Autoverkehr, Busse, Einkaufszentren und Geräusche ohne Unterlass, die er zuvor noch nie gehört hatte. Er fühlte sich auf einen anderen Planeten versetzt. Durch seine reizarme Einprägungsphase und sein vorheriges Landleben hat Blacky sich auch heute noch nicht an die städtische Menschenwelt gewöhnen können. Kurzgefasst: Er hat Angst vor allem und jedem!

Sehr oft verstärkt der Mensch unsere Angst noch, indem er beispielsweise versucht, uns zu trösten oder uns beruhigend zuzusprechen. Wir Hunde, auch wenn wir teilweise noch so „menschlich“ wirken, verstehen in der Angst jedoch nicht die Bedeutung der Worte unseres Herrchens. Wir erkennen nur seinen Tonfall wieder, den er ansonsten eigentlich nur anschlägt, wenn er uns für etwas Tolles lobt. Deshalb kommt das bei uns falsch an: „Feiner Hund, immer schön Angst haben, gut machst du das!“ Vergesst dabei auch nicht, dass Eure gesamte Körperhaltung für uns eine viel größere Bedeutung hat als Eure Worte und dass wir uns immer an dieser orientieren. Wir verstehen also viel besser, dass wir in dieser Situation keine Angst haben müssen, wenn Ihr uns das durch Eure eigene souveräne Haltung und ein souveränes Verhalten vormacht.

Das beste Beispiel dafür ist das Herrchen von Freddy, dem Spitz. Jedes Mal, wenn Freddy einen schwarzen Hund sieht, versteckt er sich zwischen den Beinen seines Herrchens. Weil das Herrchen glaubt, er müsse Freddy in Schutz nehmen, streichelt und beruhigt er ihn, so gut er kann. Beide verstehen einander in diesem Augenblick leider gänzlich falsch! Denn Herrchen denkt: Der arme Freddy, obwohl ich ihm immer gut zurede, hat er solche Angst! Freddy dagegen meint: Wenn Herrchen mich so dafür lobt, sollte ich noch mehr Angst vor schwarzen Hunden haben!

Das gleiche Ergebnis entsteht auch, wenn wir in einer Angstsituation knurren oder die Zähne zeigen und uns deshalb unser oder ein anderer Mensch dafür bestraft. In diesem Fall bekommen wir nicht nur noch mehr Angst, sondern unser Aggressionspotenzial kann dadurch noch größer und gefährlicher werden. Wir verstehen nicht, „weshalb“ wir gestraft werden, sondern nur, „dass“ wir bestraft werden. Wir verknüpfen diese Strafe daher oft mit anderen Umständen, die eigentlich gar nichts mit unserem für die Menschen unerwünschten Verhalten zu tun haben. Oft verknüpfen wir die Strafe fälschlich nur mit dem Menschen, der uns bestraft oder aber mit dabei anwesenden Personen. Das kann zu gravierenden Bewertungsproblemen führen. Ihr müsst verstehen: Wenn wir für etwas bestraft werden, kann uns im Nachhinein niemand erklären, was wir hätten besser machen können! Und das ist meistens, für uns wie für Euch, nur frustrierend.

Bei unseren Angstreaktionen spielen zudem Erkrankungen eine gewichtige Rolle: Etwa solche des Nervensystems, hormonelle Störungen wie beispielsweise Dysfunktionen der Schilddrüse, Schmerzen jeglicher Art, Sehstörungen, ein schlechtes Gehör. Erkrankungen können Ängste bestimmen und verstärken.

8

Manchmal kann ich auch böse sein... –
Die Aggressionen des Hundes

Bis jetzt habt Ihr Menschen Euch noch nicht so richtig darauf einigen können, was eigentlich unter dem Begriff „Aggression" genau zu verstehen ist, was das Reden darüber leider nicht einfacher macht. In den allermeisten Fällen ist das Verhältnis zwischen Mensch und Hund geklärt, harmonisch, freudvoll und friedlich.

Doch ich habe Euch bereits erklärt, dass es, vor allem wegen fehlerhafter „Einprägungen" speziell zwischen der fünften und achten Lebenswoche, manchmal zu Aggressionsproblemen kommen kann. Aber was ist eigentlich Aggression? – Vielleicht seid Ihr nun überrascht: Aggression ist ein ganz normales Verhalten unserer Spezies! Wir Hunde müssen, um leben zu können, über einen gewissen Anteil an Aggressionspotenzial verfügen. Wie auch bei Euch Menschen üblich, pflegt jeder von uns seine eigenen Interessen. Um diesen gesunden, „natürlichen Egoismus" ausüben zu können, benötigt man Aggressivität. Aggression stellt unter anderem eine Art der Kommunikation dar, ähnlich wie das auch bis vor kurzem noch bei Euren Vorfahren war. Und auch heute tauschen sich doch fast alle Exemplare Eurer Gattung auf diese Art und Weise aus, oder? Sie reden nur nicht darüber, weil sie es als negativ werten und nicht wahrhaben wollen.

Würdet Ihr es verstehen, wenn wir Hunde es unglaublich fänden, dass Menschen sich schreiben? Das Schreiben ist für Euch Menschen ein normales Verhalten, ebenso wie die Aggression für uns. Zu hinterfragen ist nicht, dass ein Mensch schreibt, sondern wie er und was er schreibt. Die Frage an uns lautet also: Wann ist Aggression legitim? Ein Problem damit ergibt sich erst, wenn ein Hund über ein übermäßiges Aggressionspotenzial verfügt. Vor allem, wenn der Besitzer zulässt, dass wir uns gegen seinen Willen aggressiv verhalten – oder gar unwissentlich, etwa durch beruhigende Worte, dieses Verhalten noch verstärkt. Dann kann aus „gesunder" eine „übermäßige Aggression" werden. Und nur die ist ein Problem! Vielen Hunden wird eine übermäßige Aggression von ihren unwissenden Menschen eingeprägt. Traurig, dass stets wir Hunde dafür bezahlen!

Übermäßige Aggressivität

Die übermäßige Aggressivität ist eine extreme Angriffshaltung oder Angriffsbereitschaft gegenüber Menschen, Tieren, Gegenständen oder Einrichtungen mit dem Ziel, sie auf Distanz zu halten, sie zu beherrschen, zu schädigen oder zu vernichten. Wie auch die Angst ist Aggression eine angeborene innere und äußere Stressreaktion des Körpers auf Bedrohung. Die für das Leben erforderlichen Ressourcen müssen sowohl gegen Konkurrenten erworben als auch gegen Feinde verteidigt werden. Dafür ist durchaus ein gewisses Maß an aggressivem Verhalten erforderlich. Ohne Aggression wären wir nicht lebensfähig. Es sind je nach Situation zwei Aggressivitätsarten zu unterscheiden:

Die „offensive" und die „defensive" Aggressivität

Ob wir Hunde über ein mehr oder weniger ausgeprägtes Aggressionspotenzial verfügen und es übermäßig ausüben, ist von verschiedenen Ursachen abhängig. Die angeborenen Eigenschaften spielen dabei eine wichtige Rolle. Die Toleranzgrenze ist bei Hunden, wie auch bei den Menschen, individuell mehr oder weniger hoch. Lebewesen mit hoher Toleranzgrenze sind duldsamer als solche mit niedrigerer. Bei jeder Hunderasse, jeder Mischlingslinie gibt es Zuchtlinien und Familien mit sehr niedriger Toleranzgrenze. Deshalb üben die Mitglieder solcher Familien ein übermäßiges Aggressionsverhalten im Vergleich zu anderen Zuchtlinien leichter, schneller und oft unerwartet aus.

Mein Freund Timo zum Beispiel stammt aus einer wirklich jähzornigen Familie. Er lässt kein Kind an sich heran. Seiner Meinung nach haben kleine Menschen eine viel zu aufregende, zu hohe Stimme und ziehen zu oft an seinem Schwanz und seinen Ohren – das nervt ihn ziemlich. Mein Kumpel Pascha dagegen lässt alles mit sich machen. Ich bewundere, wie geduldig er sich von Kindern fast schlagen lässt. Timo läuft immer unangeleint und oft sogar allein durch die Gegend. Pascha hingegen darf sich nur mit Maulkorb und angeleint bewegen. Warum? Obwohl beide Artgenossen Terrier sind, macht Ihr Menschen radikale

Unterschiede: Timo ist ein Jack Russell-Terrier (angeblich harmlos), Pascha ein Bullterrier (angeblich Killer).

Dieses Beispiel zeigt: Ihr Menschen habt, ungetrübt von jeglichem Fachwissen über uns Hunde, ungerechte Hundegesetze gemacht! Ihr müsst ein für alle mal endlich verstehen: Es gibt keine gefährlichen Hunderassen!!! Das kann die Wissenschaft sowohl ethologisch, als auch tierzüchterisch, wie molekulargenetisch beweisen. Was es mit Sicherheit gibt, sind gefährliche Hundeindividuen. Nichtsdestotrotz verurteilt Ihr Eure Artgenossen auch nicht aufgrund der Hautfarbe als Kriminelle… Das sollte heute nur noch eine beschämende Erinnerung aus traurigen, obskuren Zeiten Eurer Geschichte sein.

Eine sehr wichtige Rolle bei übermäßiger Aggressivität spielen auch die Erfahrungen, die wir Hunde im Laufe unseres Lebens machen. Ein Hund, der mit übermäßig aggressivem Verhalten erreicht, was er will, wird weiterhin dieses Verhalten bei jeder Konfrontation an den Tag legen. Diese Verhaltensart kann während des ganzen Lebens noch, oft für Euch unerwartet, erlernt werden. Besonders bedenklich ist

jedoch, wenn dieses unerwünschte Verhalten zwischen der fünften und achten Lebenswoche gelernt wird. Weil es sich dann, wie Ihr bereits gelesen habt, fest und nur schwer korrigierbar in unserem Gehirn einprägt. Mein Freund Tyson wurde als Welpe in seiner prägungsähnlichen Phase von seinem Besitzer, Beruf Zuhälter, extrem auf aggressives Beißen trainiert. Zwei Jahre später, als der Besitzer von der Polizei festgenommen wurde, verschwand Tyson plötzlich. Ich habe gehört, dass er nie wieder zurückkommen wird. Denn es bestünde die Gefahr, dass er einen Menschen schwer verletzen könnte. Schade, denn eigentlich war er ein netter Kerl.

Krankheit und Aggressivität

Zu übermäßig aggressivem Verhalten können auch Schmerzen jeglicher Art führen, meist durch Erkrankungen bedingt. Zum Beispiel belastet uns eine Borreliose erheblich, eine von Zecken übertragende bakterielle Infektion. Viele Erkrankungen beeinflussen unser Aggressionsverhalten: Etwa solche des Gehirns, wie Tollwut oder Tumore, hormonelle Störungen, wie Schilddrüsendysfunktionen, Sehstörungen, Blindheit oder Gehörlosigkeit. Auch normale Biorhythmen wie der Sexualzyklus nehmen immensen Einfluss. Regelmäßige Untersuchungen, Impfungen und prophylaktische Maßnahmen gegen Parasiten können daher auch der Entstehung von übermäßig aggressivem Verhalten vorbeugen. Ich kenne so viele Beispiele: Seit der Schäferhund Asko unter einer schweren Ellbogengelenksdysplasie leidet, ist er sehr leicht reizbar. Unter uns gesagt: Keiner aus unserem Stadtviertel möchte ihm noch begegnen. Der Labrador Raul leidet unter Schilddrüsenunterfunktion und geriert sich seitdem ungenießbar. – Und dann die süße Püppi… sie ist einen Monat vor, während und einen Monat nach ihrer Läufigkeit wirklich unausstehlich. Also durchschnittlich über sechs Monate im Jahr. Da sie obendrein noch ab und zu scheinträchtig wird, habe ich ihr schon häufiger vorgeschlagen, sich einen Rüden zu genehmigen – nicht irgendeinen, sondern besser… mich: Hey Baby, du weißt nicht, was du verpasst! Hilfreich wäre auch eine Kastration. Leider meinen ihre Besitzer, dass eine Kastration widernatürlich sei. Ich hingegen frage mich, ob das ständige Verhindern der Fortpflanzung richtig und naturgemäß sein kann… – Ihr Menschen seid wirklich schwer zu verstehen!

Auch die Freundschaft zwischen Grammo und Fon fand wegen hormoneller Zyklen ihr jähes Ende. Die beiden unterscheiden sich im Alter nur um knapp zwei Wochen und leben bereits seit ihrer zehnten Lebenswoche benachbart. Ihre Familien besitzen nebeneinander liegende Reihenhäuser mit Garten. Die Hunde waren immer die dicksten Freunde im Stadtviertel und bildeten fast eine Einheit. Dieses Glück währte aber nur etwa elf Monate. Denn plötzlich war da die so attraktive Golden Retriever-Hündin Emma. Und Emma wurde läufig. Ah… wie gut sie roch… ihr Aussehen ein wahrer Rüdentraum! – Seitdem herrschte Krieg zwischen Grammo und Fon, aus war´s mit der Freundschaft des altbewährten Hundeteams! Ähnliches gibt es ja auch immer wieder bei Euch Menschen, nicht wahr? Wie

viele Jugendfreunde wurden schon plötzlich eifersüchtige Konkurrenten, wenn der Spaß am Fußballspiel dem Interesse an hübschen Mädchen wich …

Viele Gründe mehr gibt´s …

Bei allem gibt die individuelle Situation den Ausschlag. So steigert sich beispielsweise Stress je nach Umgebung oder persönlicher Lage. Nimmt er überhand und die Toleranzgrenze wird überschritten, kann es zu übermäßig aggressivem Verhalten kommen. Unser aggressives Potenzial ist also auch von individuellen Situationen abhängig, in denen uns eine solche Reaktion als notwendig erscheint.

Auch das Spielen kann übermäßige Aggressivität bewirken, genauer gesagt: Das zu grobe Spiel. Die Beißhemmung, so erklärte ich schon, muss uns als Welpe beigebracht werden, weil sie uns nicht angeboren ist. Deshalb sollte sie im sozialen Spiel eingeübt werden.

Auch das Schutzverhalten von Hundemüttern mündet oft in Aggressivität: Die Mutter gibt alles, um ihre Welpen vor Schaden zu bewahren. Dies auch dann, wenn ihr Nachwuchs nur imaginär ist – wie bei Püppi, die in ihrer Scheinträchtigkeit zur kämpferischen Mutter gerät.

Ein weiterer Aspekt der Aggressivität: „Angstbeißer" – wer kennt sie nicht? Doch entgegen der oft gehörten Meinung basiert das Aggressionsverhalten von Angstbeißern nicht etwa auf „schlechten Erfahrungen", sondern sie gründet vielmehr auf einem Mangel an Erfahrungen – der mangelhaften Sozialisation.

Auch die Verteidigung oder der Erwerb von Ressourcen verleitet Hunde zur Aggressivität. Mein Freund Bobo etwa kennt keine Manieren mehr, wenn es um sein Lieblingsspielzeug geht: Eine blöde Puppe. Als Ressource zählt für uns Hunde ganz besonders unser Territorium. Und darunter verstehen wir nicht etwa nur das Haus oder den eventuell dazugehörigen Garten, in dem wir leben. Auch das Auto, das Gebiet, in dem wir spazieren geführt werden oder auch nur der Ort, an dem sich unser Herrchen oder Frauchen gerade aufhält, können wir als eigenes Territorium betrachten.

Eine Rangdemonstration kann ebenfalls übermäßig aggressives Verhalten verursachen. Dies wird dann „Status bezogen" genannt. Oft werden hier die Ressourcen wie Futter, Spielzeuge und bevorzugte Schlafplätze verteidigt, um anderen den eigenen Rang zu demonstrieren.

Umgelenkte Aggressivität und Frustration

Was „umgelenkte Aggressivität" ist, verdeutlicht ein Beispiel: Ein Hund begegnet einem stärkeren, doch unsympathischen Artgenossen. Er kann jedoch nicht mit ihm streiten, weil er unterliegen würde. Folglich lässt er dann seine Aggressivität an einem anderen Objekt aus, meist an einem anderen, rangniedrigeren Artgenossen. Das läuft so ab: Der „unschuldige" rangniedrigere Artgenosse wird malträtiert, ohne zu wissen, warum. Er muss unwissentlich nur herhalten, weil der andere sich mit dem stärkeren nicht anzulegen traut. So ein Verhalten ist Euch Menschen keineswegs unbekannt, oder? Euer großer Literat Heinrich Mann hat es in seinem Roman „Der Untertan" trefflich beschrieben – nach oben buckeln, nach unten treten.

Auch Frustration macht uns Hunde angriffslustig. Frustration entsteht durch Diskrepanz zwischen Wollen und Nicht Können. Der Begriff stammt ab vom lateinischen „frustra" – vergeblich: Der Hund möchte etwas erreichen, was er nicht zu erreichen vermag. Je höher seine Erwartungshaltung, desto größer die Frustration. Und umso heftiger die potenzielle aggressive Reaktion. – Mein Kumpel Fuori durfte seit frühestem Welpenalter stets mit anderen Hunden spielen. Deshalb gehört das Spiel mit Artgenossen für ihn zum eingeprägten Verhaltenskanon. Sobald Fuori einen

anderen Hund sieht, will er einfach mit ihm spielen, freudig aufgeregt, harmlos und lieb! Zu seinem Pech jedoch ist Fuori ein Bullterrier und darf seit einiger Zeit nur noch angeleint geführt werden. Zudem verwehren ihm andere Hundehalter unangebracht furchtsam den Kontakt zu ihren Lieblingen. Im Ergebnis gilt somit für Fuori ein generelles Spielverbot! Seitdem ist er in solchen Situationen so frustriert, dass er gegenüber Artgenossen eine übermäßige Aggressivität entwickelt hat. – Die Menschen haben in Fuori etwas platziert, was zuvor gar nicht in ihm war!

Das Frauchen der gierigen Ciccia hatte mit ihr wegen ihres Übergewichts Probleme. Um Ciccia dazu zu bringen, langsamer und weniger zu fressen, begann sie, Ciccia nur noch mit der Hand und Krümel für Krümel zu füttern. Nach Ciccias Meinung kam das Futter aus der Hand ihres Frauchens jedoch nicht schnell genug. Außerdem hörte die Frau immer auf, sie zu füttern, wenn Ciccia noch hungrig war. Nach einiger Zeit entwickelte Ciccia solch eine Frustration, wurde übermäßig aggressiv – und biss ihrem Frauchen in die Hand. Werden nicht Menschen, die aufgrund von Frustrationen ein ähnliches Verhalten zeigen, von Euch „Choleriker“ genannt?

Ich verstehe nicht: Warum verlangt Ihr von uns, dass wir Hunde uns stets miteinander vertragen müssen? Letztendlich ist Euch doch auch nicht jeder Mensch sympathisch.

Der nette Eolo hatte zwei Jahre lang bei seinen Herrchen ein tolles Leben. Eines Tages meinte jedoch sein Frauchen, die Familie vergrößern zu müssen. Und sie überzeugte ihren Mann, eine junge Hündin dazu zu holen. Von nun an gehörte also auch Arpia zur Familie. Wie alle Welpen begann Arpia bei Eolo ihre Grenzen auszutesten. Eolo wollte Arpia auf Hundeart klarmachen, was sie durfte und was nicht, um auch in Zukunft miteinander gut klar zu kommen. Arpia jaulte, wehklagte – obgleich ihr durch Eolos Rangzuweisung nichts drohte. Da Ihr Menschen leider dazu neigt, die Jüngeren und Kleineren von uns zu beschützen, wurde Arpia getröstet und Eolo gemaßregelt. So konnte er keine hundgerechte, ungestörte Interaktion und Kommunikation mit Arpia aufbauen. Eolo war wirklich frustriert, während Arpia sich zu einem Tyrannen entwickelte. Es kam, was kommen musste: Nach einigen Monaten wurde Eolo wegen „familiärer Unverträglichkeit“ ins Tierheim abgeschoben. Toll, wie oft Ihr Menschen Eure Konsequenzen zieht – ohne zu verstehen, dass Ihr Euch falsch verhalten habt!

Spezifische Aggressivität

Jahrelang wurde zwischen interspezifischer und intraspezifischer Aggressivität unterschieden. Heute werden diese Begriffe in Bezug auf uns Hunde so gut wie gar nicht mehr verwendet. In der Tat leben Hunde und Menschen oft so eng miteinander zusammen, dass die Zuordnung der Aggressivität des Hundes gegenüber den Menschen, nach dieser Unterteilung schwierig wäre. Schade! Denn mir gefielen diese Begriffe, zu denen ich deshalb trotzdem noch eine Erklärung loswerden möchte:

Interspezifische Aggressivität richtet sich gegen andere Tierarten, etwa andere Haustiere, Wildtiere oder auch gegen Menschen. Ganz wichtig: Der Jagdinstinkt ist kein Ausdruck aggressiven Verhaltens! Was ich Euch später noch erläutern werde.

Intraspezifische Aggressivität hingegen wirkt innerhalb der eigenen Art, zwischen zwei oder mehreren Hunden. Dabei gibt es Unterschiede in der Aggressivität gegen unbekannte und gegen bekannte Artgenossen, die jedoch nicht zur eigenen Gruppe gehören. Beide Aggressivitätsformen dienen oft der Verteidigung oder dem Erwerb von Ressourcen. Im aggressiven Umgang mit Artgenossen des eige-

nen Rudels spiegeln sich zudem hormonelle und hierarchische Probleme. Angeleinte Hunde werden eher zur intraspezifischen Aggression verleitet als unangeleinte, denn sie fühlen sich durch die Nähe zum Halter bestärkt. Zudem wissen sie, dass ein tatsächlicher Kampf durch die Leine verhindert wird.

Heutige Kenntnisse

Bei allem, was ich über Aggression erzählt habe, ist nicht schwierig zu verstehen, dass sie vielursächlich ist. Weiterhin verrate ich Euch, dass aggressives Verhalten nur als ständige Wechselwirkung von Umwelt und Erbgut verstanden werden muss. Leider wird Aggression kaum als das betrachtet, was es ist: ein obligatorischer Teil des Sozialverhaltens, ein Regulativ für das Zusammenleben und Zusammenarbeiten, die Kooperation und das Streiten, die Kompetition.

Wenn der Mensch zum Hund wird

Wir Hunde leben heutzutage so intensiv mit Euch Menschen zusammen, dass wir häufig keinen anderen Sozialpartner mehr haben. Dann kann sich auch Euch gegenüber innerhalb der eigenen vier Wände eine Art intraspezifisches aggressives Verhalten entwickeln. Sollte es wirklich einmal dazu kommen, so lasst Euch bitte nicht auf eine Konfrontation mit uns ein! Dadurch signalisiert Ihr Menschen uns Hunden nämlich unbewusst, dass ein Streit mit Euch sich durchaus lohnen könnte. Ihr gebt der umstrittenen Ressource damit einen noch höheren Wert. Außerdem signalisiert Ihr uns eine Ranggleichheit, wenn wir mit Euch streiten dürfen.

Es ist für Hund wie Mensch besser, wenn wir nie erfahren, dass wir kraft unserer Zähne meist als Sieger aus solchen Konfrontationen hervorgehen würden. Vorbeugung durch eine klare soziale Hierarchie in der Familie vermeidet Unfälle! Die geltenden Hausregeln müssen uns daher klar und deutlich vermittelt und von uns am besten von klein auf an verinnerlicht werden. Eine übermäßige Aggression von uns Hunden ist die Ausnahme: Meist kommen wir mit Euch gefahrlos und gut aus. Eine überhöhte Aggressivität ist bei uns in wenigen Fällen in einer genetischen Disposition oder verschiedenen Krankheiten zu suchen. Die meisten dagegen sind auf eine fehlerhafte oder unzureichende Sozialisierung in der Welpenzeit sowie auf „schlechte Erfahrungen" und „Erziehungsmangel" im Laufe unseres Lebens zurückzuführen.

Dabei verstärken fast immer bewusste oder unbewusste Handlungen von Euch Menschen unser Verhalten noch erheblich. Häufig sind die schlechten Erfahrungen für Euch Menschen nicht eindeutig als solche zu erkennen. Denn sogar durch zu viel und häufig für uns Hunde unverständlich ausgedrückte Tierliebe können wir falsche Schlussfolgerungen ziehen.

Im Fall der Fälle

Was tun, wenn einer meiner Artgenossen übermäßig aggressiv agiert? Wie sollen sich Menschen dann verhalten? Bei diesem Ausnahmefall ist zunächst wichtig: Die Situation analysieren, in der so ein Verhalten gezeigt wird.

Häufig hören sich aggressive Auseinandersetzungen zwischen Artgenossen für Euch Menschen viel schlimmer an, als sie sind. In der Regel wird keiner von uns dabei verletzt. Es sei denn, Ihr mischt Euch ein! Dadurch werden unsere Kommunikation und Interaktion so stark gestört, dass sich einige von uns aufgrund der menschlichen „Unterstützung" stärker fühlen als sie sind. Meist erst dann eskaliert die Konfrontation, kommt es zu Verletzungen, leichten oder schweren. Also lasst uns bitte auf unsere Hundeart miteinander diskutieren, ohne Euch einzumischen! Zum einen verhindert Ihr dadurch meist schwere Bisswunden bei uns; zum anderen solltet Ihr auch an Euren Schutz denken, denn: „Neue Hände gibt es für Euch (noch) nicht!"

Immer ernst ist der Angriff eines Hundes gegen einen Menschen. Eine solche übermäßige Aggression ist meist die Folge von Kommunikationsproblemen zwischen Mensch und Tier. Leider kann ich Euch nur eine einzige, nicht gänzlich befriedigende Empfehlung geben: Gelassenheit zeigen, so gut es eben geht! Zugegeben – der Rat entspricht dem an einen Surfer: Bleibe ruhig, wenn der Hai

Bei einem gegenüber Menschen aggressiven Hund generell vermeiden:

1. *Direkten Augenkontakt mit dem Hund*
2. *Frontal auf den Hund zugehen*
3. *Den Hund verbal beruhigen wollen*
4. *Das Tier beruhigend streicheln oder festhalten wollen*
5. *Den Hund angreifen, schimpfen oder bestrafen*
6. *Hektisch reagieren*
7. *Weglaufen*

kommt … Doch es gibt gute Gründe, sich zur Unaufgeregtheit zu zwingen: Wir Hunde riechen sofort, ob Ihr Angst habt. Und habt Ihr Angst, so muss es dafür einen Grund geben.

Folglich werden wir noch aufgeregter. Unsere Aggressivität verstärkt sich. Auch Eure Reaktionen, etwa Veränderungen der Atmung oder heftige, ruckhafte Bewegungen führen zur Eskalation. Gemäß Eurem Naturell werdet Ihr die Reaktion des aggressiven Hundes beobachten, während Ihr Euch zu entfernen versucht. Dabei solltet Ihr Verhaltensfehler vermeiden.

Zum Beispiel ist das Anschauen, ein direkter Augenkontakt mit dem Hund, für uns eine Provokation. Meist habt Ihr in diesem Fall vor Stress und Angst vergrößerte Pupillen – was uns unbewusst zum Angriff auffordert.

Hilfe von Fachleuten

Am besten versucht Ihr, das Allerschwierigste zu schaffen: Nämlich gar keine Reaktion zu zeigen. Ihr müsst Eurer „Menschenverhalten“ in diesem Moment stoppen. Das ist die beste Voraussetzung für uns, den Trip des übermäßig aggressiven Verhaltens abzubrechen. Um einem meiner Artgenossen übermäßiges Aggressionsverhalten nach und nach abzugewöhnen, solltet Ihr am besten Fachleute kontaktieren. Und damit meine ich nicht die Selbsternannten – „seit 20 Jahren Hundehalter“ … „schon Großvater hatte einen Hund“. Beim Verhaltenstherapeuten wird Euch beigebracht, wie Ihr je nach Fall individuell mit uns umgehen solltet.

1A
Hunde-
Futter

Es ist ratsam, mit uns keine Konfrontation zu akzeptieren, denn es gilt: „Der Klügere gibt nach, er plant für das nächste Mal strategisch!" Gewalt führt irgendwann zur Eskalation und bedeutet immer eine potenzielle Gefährdung für Eure Gesundheit. Heftige körperliche Strafen sind allgemein kontraproduktiv, egal weshalb sie angewandt werden. Sie verbessern keineswegs die Kommunikation, sondern bewirken eher das Gegenteil: Ihr unterbrecht zwar eventuell mit viel Glück und Risiko in diesem Augenblick unser aggressives Verhalten, aber gebt uns nicht die Möglichkeit, etwas Alternatives zu lernen. Die Strafe beschert uns Stress und negative Empfindungen, die wir uns gut merken... bis zur höchstwahrscheinlichen Eskalation.

Die Kommunikation Mensch-Hund sollte daher unbedingt verbessert, die soziale Position klargestellt werden. Besonders wichtig ist dabei auch die konsequente Verwaltung der „Ressourcen". Der Erfolg der Verhaltensformung liegt in Eurer Hand: Ihr solltet dafür sorgen, dass wir Hunde stets und immer wieder einen Erfolg bei angemessenem, niemals jedoch bei aggressivem Verhalten erleben.

All dies könnt Ihr bei fachkompetenten Personen lernen, die Euch zusätzlich auch Entspannungsübungen für Hunde beibringen können. Fachleute können eine gezielte Gegenkonditionierung und Desensibilisierung des Tieres mit unerwünschtem Verhalten durchführen.

Zusätzliche Abhilfe

Neben den verhaltenstherapeutischen Maßnahmen können unterstützend Medikamente notwendig sein. Sollte unser übermäßiges Aggressionsverhalten – wie bei Grammo und Fon – auf einem Problem der Sexualhormone basieren, kann eine Kastration Abhilfe schaffen. Seltsamerweise sträuben sich die meisten männlichen Exemplare unter Euch gegen eine Kastration von uns Hunden... – Ihr bedenkt dabei jedoch nicht, dass es uns danach besser geht als vorher. Denn uns ist es doch, im Gegensatz zu Euch, in den meisten Fällen verboten, unser Sexualverhalten auszuleben. Aber auch wir Rüden sind eben nur „Männer" und denken bisweilen ununterbrochen an „das Eine"! Wie belastend das sein kann, könnt Ihr Euch doch vorstellen: Vergleichbar mit jemandem, der seit Tagen durstig durch die Wüste irrt... dann sieht er endlich Wasser! Aber er darf nicht trinken! Und in dieser schwierigen Situation seid Ihr es, die uns das Gewünschte nicht gewähren! Welch ein Frust! Dieser Frust kann auf Dauer und je nach Situation zu Aggressionen gegen Euch führen.

Die Kastration ist aber auch vor allem für Hündinnen aus verschiedenen medizinischen Gründen zu empfehlen. Bei Ausnahme bereits vor der ersten Läufigkeit übermäßig aggressiver Hündinnen: Bei ihnen geht es oft um hormonelle Störungen, die eventuell auf eine Maskulinisierung zurückzuführen sind. Solche Hündinnen sind sozusagen androgenisiert und sollten besser nicht kastriert werden. Es besteht sonst die Gefahr, dass sich die übermäßige Aggressivität noch verstärkt. Ebenso kann sich die Unsicherheit/Ängstlichkeit bei ohnehin unsicheren/ängstlichen Hündinnen durch eine Kastration noch verstärken.

Selbstverständlich trifft es nicht auf alle unsicheren/ängstlichen Hündinnen zu, sondern kommt auf die Ursachen an, die zu diesem Verhalten führen.

Am besten konsultiert Ihr einen verhaltenstherapeutischen Tierarzt, bevor meine Artgenossen voreilig kastriert werden.

Zum Schluss lässt sich sagen, dass eine gute Sozialisation und Habituation ein übermäßiges Aggressionsverhalten vermeidet oder dass dank dieser das Auftreten solch eines Verhaltens erheblich gemindert wird!

9

Meine Nerven sind so fein – Die Neurophysiologie des Hundes

Freude, Wut oder Liebe sind nur einige Beispiele für Emotionen. Es ist so schön, dass es Emotionen gibt, da sie das Leben erst lebenswert machen, nicht wahr? Ohne Trauer könnten wir nicht die Freude verstehen und genießen. Durch Emotionen entstehen Verhaltensweisen, die sich je nach Art des Gefühls und des Lebewesens individuell äußern. Daraus folgt, dass wir bei der gleichen Emotion individuell unterschiedliche Reaktionen zeigen. Beispiel Freude: Lucky versucht immer, seinen Schwanz zu fassen, wenn er sich freut. Auf das gleiche Gefühl reagiert Benny hingegen damit, sich ununterbrochen am Boden zu wälzen. Und Filou springt dann immer so hoch, dass er sich fast in der Luft überschlägt.

Aber wo entstehen eigentlich Emotionen, wie werden sie wahrgenommen und warum führen sie zu der Entstehung eines bestimmten Verhaltens? All diese Fragen habe ich mir einst

nie gestellt, denn als Hund habe ich doch wirklich andere Probleme, oder? Doch die vielen Gespräche mit meinem Herrchen warfen Fragen auf: „Wieso, weshalb, warum“ verhalten sich meine Artgenossen und vor allem ihre Menschen eigentlich manchmal so merkwürdig? Es wurde notwendig, nach den Gründen zu suchen. Vielleicht könnte doch genau dieses Wissen dabei helfen, die Ursachen mehrerer Verhaltensprobleme zu finden und diese eventuell behandeln zu lassen. Allmählich fand ich das Thema sehr interessant, doch leider auch sehr kompliziert. Mein wissensdurstiger zweibeiniger Gesprächspartner bemühte sich, mir alles so verständlich wie möglich zu erklären. Obwohl er viele Sachen immer für selbstverständlich hielt, musste ich ihn eines Besseren belehren. Nach vielen, vielen Nachfragen habe ich aber dann doch noch einiges verstanden, das ich Euch gerne weitergeben möchte.

Das Hirn macht´s

Emotionen und emotional gesteuertes Verhalten entstehen im zentralen Nervensystem (ZNS), werden von dort aus auch gesteuert und vom peripheren Nervensystem unterstützt. Das ZNS wird von Gehirn und Rückenmark gebildet. Die Emotionen entstehen also im Gehirn. Das Gehirn ist je nach Spezies und innerhalb einer Spezies je nach Individuum unterschiedlich. Nicht nur in Größe und Gewicht, sondern auch in der Arbeitsweise und -neigung gibt es vielfältige Variationen. Aus diesem Grund habt Ihr Menschen den Mathematiker, das Sprachtalent, den Sportler, aber auch den impulsiven, den ruhigen oder den nachdenklichen Charaktertyp. Obwohl es bei uns Hunden keine Mathematiker oder Physiker gibt, funktioniert das Ganze ansonsten ebenso wie bei Euch.

Das kommt daher, dass einige Teile des Gehirns, das limbische System, bei allen Säugetieren sowohl äußerlich als auch funktionell ähnlich und daher vergleichbar sind. Es handelt sich dabei sozusagen um einige „uralte" Teile des Gehirns, die sich trotz Evolution kaum verändert haben. Daher kann man die höhere Entwicklung einer Tierspezies nicht in diesem Bereich des Gehirns erkennen, sondern nur in dem Gehirnteil namens Cortex. Je größer, komplexer und arbeitsfähiger der Cortex, desto höher ist die evolutionäre Entwicklung der Spezies.

Das Interessante daran ist also, dass die Emotionen wie Freude, Trauer usw. in dem Teil des Gehirns entstehen, der sich bei allen Spezies ähnelt. Das erklärt auch, warum alle Säugetiere Emotionen empfinden. Der Cortex hingegen ist für die bewusste Wahrnehmung und die Verarbeitung einiger Emotionen zuständig. Alle höher entwickelten Tiere also kennen Emotionen. Aber wie reagieren sie auf solche Reize?

Wie Reize geleitet werden

Das Wort „Reiz" ist hierbei der Schlüssel. Man muss sich unser Gehirn wie eine Verarbeitungszentrale vorstellen. Die Informationen werden von einer Abteilung zu der nächsten transportiert. Die Abteilungen heißen Nervenzellen und sind die wichtigsten Bausteine in Bezug auf die Informationsaufnahme, -verarbeitung und -weiterleitung. Über diese Nervenzellen werden Eindrücke aus der Umwelt aufgenommen, verarbeitet und Reaktionen generiert. Die Nervenzellen werden auch Neuronen genannt. Es gibt verschiedene Neuronentypen. Einige, wie die Projektionsneuronen, übertragen Informationen von einer Gehirnregion zur nächsten; andere, wie die Interneuronen, verarbeiten die Informationen innerhalb einer Gehirnregion. Alle Neuronen stehen aber immer im engen Kontakt zueinander. Um miteinander kommunizieren zu können, benutzen sie chemische Substanzen, die Neurotransmitter genannt werden. Die Neurotransmitter sind vergleichbar mit Boten. Sie bringen die Informationen von einem Neuron zu dem anderen. Weit müssen sie jedoch nicht laufen, denn die Nervenzellen sitzen wirklich eng zusammen. Es gibt nur einen kleinen Zwischenraum zwischen den einzelnen Neuronen, den man Synapse nennt. An den Synapsen werden die Nervensignale von einem Neuron zum anderen übertragen. Man kann sich eine Synapse wie einen Platz oder Hof zwischen zwei gegenüberstehenden Gebäuden oder Abteilungen (den Neuronen) vorstellen. Auf diesen Plätzen bewegen sich die Neurotransmitter, die mit ihrer Botschaft von Gebäude zu Gebäude laufen.

Dank dieses Systems können alle Wirbeltiere riechen, sehen, hören, schmecken, spüren – also empfinden. Kurz gesagt, die Umweltreize werden in diesem System in Nervenimpulse umgewandelt und weiter verarbeitet, damit wir empfinden können.

Viele Verhaltensstörungen, etwa das „abnormal-repetitive Verhalten", sind bei uns Hunden auf solche Ursachen zurückzuführen.

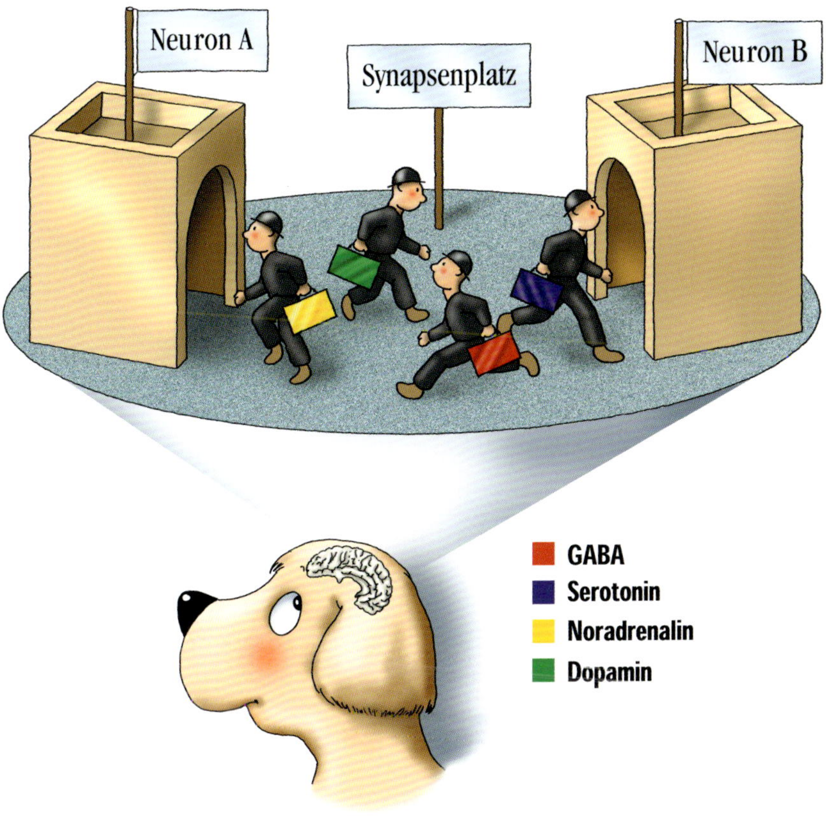

Mit Medikamenten, die Ihr Psychopharmaka nennt, könnt Ihr Menschen solche Störungen beeinflussen. Deshalb werden die häufig bei solchen Erkrankungen unterstützend eingesetzt. Allerdings ist dieser Bereich der Medizin noch ziemlich unerforscht. Bei verschiedenen psychischen Störungen hat man aber auch bei uns Hunden bereits gute Erfolge erzielt.

Botenstoffe

Außer den bekanntesten Botenstoffen wie Dopamin, GABA, Noradrenalin, Serotonin und Opiaten gibt es etwa 80 bekannte verschiedene Neurotransmitter. Je nach Art der Information werden unterschiedliche „Boten“ benutzt. Und da beginnt das Problem: Die Abteilungen selbst können sich nicht bewegen. Sie sind darauf angewiesen, was die Boten bringen. Arbeiten aber die falschen Boten oder werden falsche oder etwa gar keine Informationen überbracht, so entsteht ein Chaos! Es kommt, um genauer zu sagen, zu psychischen Störungen.

Ganz wichtig dabei ist aber, dass nicht ein Mangel oder Überschuss einzelner Neurotransmitter für die Entstehung psychischer Störungen verantwortlich ist – sondern eine Störung der Regulationsmechanismen zwischen den Überträgersystemen.

Das bedeutet: Wenn es beispielsweise zu einer Entgleisung des dopaminergen Systems eines Menschen kommt, besteht eine hohe Wahrscheinlichkeit, an dem bekannten Parkinson-Syndrom zu erkranken.

Wann Psychopharmaka helfen

Dabei denke ich beispielsweise an Wriele, die immer ängstlich und ziemlich depressiv war. Die traurige Windspielhündin wurde auf alles nur Erdenkliche untersucht. Es konnte jedoch nichts festgestellt werden. Daher versuchten ihre besonders von der alternativen Medizin begeisterten Herrchen lange Zeit, sie mit verschiedenen Pflanzenextrakten, homöopathischen Tropfen, Bachblüten, ökologisch hergestelltem Hundefutter und sogar mit Akupunktur, Akupressur, Reiki und Magnetfeldtherapie zu behandeln – alles ohne Erfolg. Dann sollte Wriele eingeschläfert werden. Die der Schultiermedizin abschwörenden Hundeliebhaber ließen sich gerade noch rechtzeitig überzeugen, Wriele mit von meinem Herrchen eingesetzten Psychopharmaka in Verbindung mit einer Verhaltenstherapie zu behandeln. Nach einem Monat bereits konnte man leichte Besserungen feststellen, und eines der Medikamente wurde nach und nach wieder abgesetzt. Nach weiteren vier Monaten ging es Wriele schon sehr viel besser. Inzwischen ist sie gesund. Leider hat sie ziemlich zugenommen, weil die Medikamente bei ihr stark appetitanregend gewirkt haben.

Wir Hunde können, ebenso wie Ihr Menschen, neurophysiologische Probleme haben. Die können im Vergleich sogar noch schwieriger zu diagnostizieren und zu behandeln sein. Leider werden sie, ähnlich wie bei Euch, häufig in ihrer Bedeutsamkeit falsch eingesetzt. Ihr Menschen neigt ohnehin dazu, gewisse Probleme zu tabuisieren – selbst wenn es Eure eigenen Artgenossen betrifft. Man könnte fast meinen, dass Ihr gegenüber solchen Patienten Berührungsängste habt oder eine Ansteckung befürchtet. Hat jemand ein gebrochenes Bein, darf er mit Mitleid rechnen. Ein neurophysiologisches Problem hingegen ist häufig nicht offensichtlich – wohl aus diesem Grund scheint es auch kaum Verständnis hervorzurufen. Es kann jedoch mindestens ebenso schmerzhaft sein und eine langwierige, mühevolle Heilung bedingen. Aus diesen Gründen werden leider die meisten meiner davon betroffenen Artgenossen nicht behandelt. Aufgrund Eurer Ignoranz werden wir Hunde lieber einfach ins Tierheim abgeschoben, meist unter fadenscheinigen Vorwänden. Im schlimmsten Fall wird sogar das Einschläfern favorisiert – anstatt sich mit der Behandlung neurophysiologischer Erkrankungen zu mühen. Ich gebe jedoch die Hoffnung nicht auf, dass sich in Zukunft etwas für uns verbessern wird – womöglich durch dieses Buch?

Ein spezialisierter Tierarzt kann die Ursachen für eine Verhaltensstörung ermitteln: Ob die medizinische Gründe – Krankheit, Schmerzen – hat oder aus Umfeldproblemen und falschem Umgang mit dem Hund resultiert. Zur Klärung wird der Tierarzt eine ausführliche Anamnese durchführen. Er wird das Verhältnis von Hund und Halter klären und sich über die Vorgeschichte des Tiers informieren. Aus körperlicher Untersuchung und psychischer Erhebung ergibt sich die Diagnose. Ist eine Verhaltenstherapie notwendig, kann der Einsatz von Medikamenten hilfreich sein.

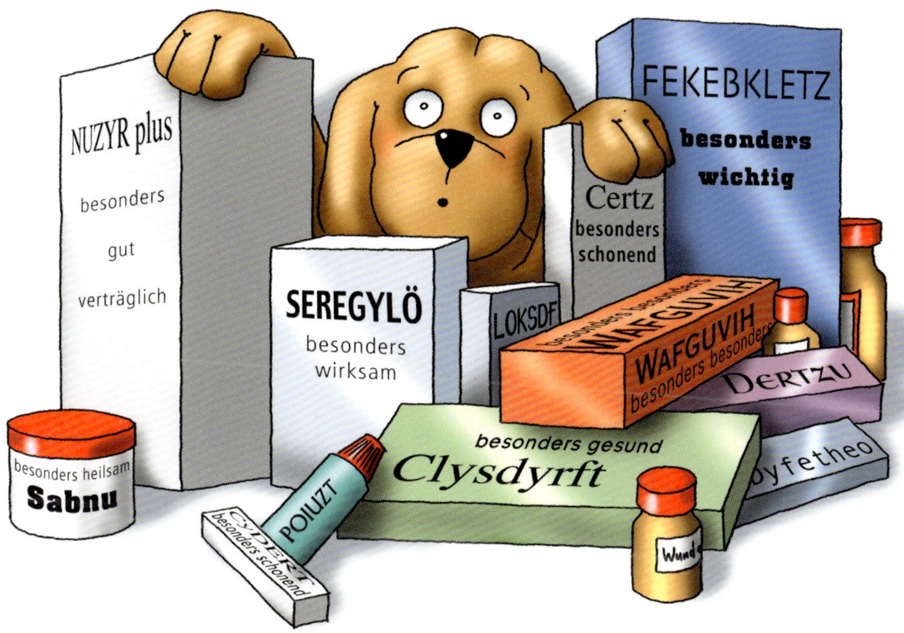

10

Anders kann ich manchmal nicht –

Stereotypien und Zwangsverhalten

Bevor ich weiter erzähle, möchte ich versuchen, Euch für das Wort „Verhalten" und für das Wort „Verhaltensstörung" eine Definition zu geben. Ich meine, dass das Verhalten eines Tieres der sichtbare Ausdruck seiner Befindlichkeit ist. Es ist die Kontrolle und Ausübung von Bewegungen oder Signalen, mit denen ein Organismus mit Artgenossen oder anderen Komponenten seiner belebten und unbelebten Umwelt interagiert (Kappeler 2006). Verhält ein Tier sich der jeweiligen Situation nicht angemessen, sondern auffallend anders, kann man das als Verhaltensstörung definieren. Nicht anders als bei Euch Menschen gibt es auch bei uns einige Individuen, die „abnormal-repetitive Verhalten" (ARV) zeigen. Was aber ist eigentlich ARV? Der Name ist Programm: Abnormal-repetitive Verhalten (ARV) umfassen

Verhaltensweisen, die unangemessen wiederholt auftreten und invariabel im Ablauf und/ oder in ihrer Orientierung sind. ARV erscheinen funktionslos, können Automutilation beinhalten und sind oft sonderbar in ihrer Erscheinung. ARV treten auch bei vielen Haustieren auf und umfassen mitunter Stereotypien und Zwangsstörungen. Stereotypie hat aber nichts mit Musik oder Soundanlagen zu tun, sondern ist „… ein formkonstantes, repetitives Verhaltensmuster ohne erkennbares Ziel oder erkennbare Funktion" (Mason, 1993). Stereotypien sind definiert als repetitive, unveränderliche Verhaltensmuster, Lautäußerungen, motorische Reaktionen scheinbar ohne erkennbare Funktion und zeichnen sich demnach durch Invarianz im Verhaltensverlauf aus. Zwangsstörungen hingegen sind übertrieben wiederholte, zielgerichtete und beabsichtigte Verhaltensweisen, die zwar ritualisiert ausgeführt werden, in der Ausführung des Verhaltens (z. B. der Geschwindigkeit) aber variieren können. Stereotypien beinhalten demnach „das abnormale Wiederholen bestimmter motorischer Reaktionen", während Zwangsverhalten „das abnormale Wiederholen bestimmter Verhaltensziele" beinhalten.

Das ARV wird als Verhaltensstörung eingestuft, weil es die normalen Verhaltensabläufe beeinträchtigt oder sogar vollständig unterdrückt.

Ein typisches Beispiel von Zwangsverhalten bei Euch Menschen ist das Kauen an den Fingernägeln. Nägelkauer wissen, sie sollten es nicht tun – doch sie können nicht anders. Bei uns Hunden kommt zum Beispiel das „Flankennuckeln" vor: Ein so intensives Belecken der Flanken, bis schließlich Wunden entstehen. Auch bei hoch spezialisierten Arbeitshunden, etwa Border Collies, tritt Sonderliches auf, wenn die Tiere unterbeschäftigt sind: Etwa stundenlanges, starres Beobachten unbedeutender Lichtreflexe. Oder in Ermangelung von zu bewachenden Schafen das sinnlose Behüten von Autos … – Oft entstehen solche Störungen durch eine nicht rassegerechte Unterbeschäftigung.

Hat sich ein ARV gebildet, schafft oft auch eine intensivere Beschäftigung mit dem Hund keine Abhilfe mehr. Es bedarf der Verhaltenstherapie.

Macht ARV Sinn?

Untersucht man ARV tiefgründiger, so lässt sich dennoch eine Art Funktion erkennen: Häufig dienen sie dazu, Angst zu neutralisieren. Einmal mehr die Angst! Also können diese ARV doch ein Ziel haben! Denn Lebewesen tun alles dafür, mit der Unbehaglichkeit des Angstgefühls besser zurechtzukommen. Was ja auch verständlich ist, oder?

Je nach Erscheinungsbild kann ARV bei uns Hunden etwas mit der Körperpflege, der Nahrungsaufnahme, der Bewegung, unserer „Ausdrucksweise" oder aber mit so genannten Halluzinationen zu tun haben. Deshalb entstehen beispielsweise Leckzwang, Schwanzjagen, gezielte Suche und Fressen unverdaulicher Objekte, Schnappen nach imaginären Fliegen oder rhythmisches Bellen.

Der erste bewiesene, medizinische Fall von Verhaltensveränderungen als Folge einer Gehirn-Verletzung ist die Geschichte von Phineas Gage. Der Mann lebte vor etwa 150 Jahren in den USA und war Bauarbeiter bei der Eisenbahn. Gage war stets hilfsbereit und freundlich, sehr beliebt bei seinen Mitmenschen und laut seinen Arbeitskollegen ein hervorragender Mitarbeiter und Kumpel. Im Jahre 1848, als er 25 Jahre alt war, hatte er bei der Arbeit einen Unfall, den er unglaublicherweise überlebte. Er erlitt jedoch einen schweren Hirnschaden im Stirnbereich. Nach diesem Unfall war Phineas Gage für seine Mitmenschen unerträglich: Er reagierte zwangsgestört impulsiv und unpassend aggressiv und litt zunehmend an epileptischen Anfällen. Selbst sein Wortschatz verringerte sich. Gage war ein vollkommen anderer Mensch geworden. Er starb 13 Jahre später an einem epileptischen Anfall. Hier hatten sich Verhaltensveränderungen als Folge der Stirnhirn-Verletzung ergeben.

Das Stirnhirn macht´s

Das Stirnhirn ist verantwortlich für die zeitliche Strukturierung des Verhaltens. Außerdem werden auch andere Unterfunktionen gewährleistet wie beispielsweise: Die Kontrolle von Interferenzen, damit das gleichzeitige Ausführen verschiedener Tätigkeiten möglich ist, die Bewältigung von Ängsten sowie die Verarbeitung jeglicher neuer Erfahrungen.

Dank des Stirnhirns werden auch wesentliche Verhaltensstrukturen ermöglicht, etwa intellektuelle Fähigkeiten, Entscheidungsfindung, Sozialverhalten, Antrieb, Kontrolle angeborener motorischer Muster sowie Angst- und Erregungskontrolle.

Leckzwänge

Ein häufig bei uns Hunden auftretendes ARV ist die so genannte akrale Leckdermatitis (ALD). Hierbei handelt es sich um einen Leckzwang, der vor allem bei Rüden größerer Rassen auftritt und eine Hautentzündung verursacht. Der Leckzwang kann auch durch vorherige Hautveränderungen, zum Beispiel nach Verletzungen, Frakturen, Arthrosen, entstehen. In diesem Fall geraten die Betroffenen in einen Teufelskreis: So wie der arme Berto, der nach einer Pfotenverletzung Spaß daran fand, immer weiter seine Pfote zu belecken. Die Verletzung heilte nun gar nicht mehr und wurde sogar immer schlimmer. Als seine Herrchen Berto einen Halskragen verpassten, war es bereits zu spät. Das Lecken an der Pfote hatte er sich schon so angewöhnt, dass er jedes Mal, wenn er keinen Halskragen trug und ihm langweilig wurde, wieder leckte.

Auch bei Hunden, die zu früh von der Mutter getrennt wurden, setzt sich häufig ein Leck-, Nuckel- oder Saugzwangsverhalten durch. Diese Verhaltensauffälligkeit tritt allerdings selten vor der Pubertät auf, sodass kaum jemand dieses plötzlich auftretende Verhalten noch mit der frühen Welpenzeit des Tieres in Verbindung bringt. Diese Hunde weisen oft eine niedrige Frustrationstoleranz und eine hohe Stressanfälligkeit auf.

Bewegungsstereotypien

Das Flankennuckeln beispielsweise ist typisch für Dobermann-Pinscher. Der Bullterrier Billy und der Deutsche Schäferhund Arthus zeigen ebenfalls ein für ihre Rassen typisches ARV: Das Schwanzjagen und Kreiseln – das heißt, sie laufen in hoher Geschwindigkeit im Kreis herum, um ihren eigenen Schwanz zu fangen. Diese Formen des ARV gehören, ähnlich dem Graben, dem Auf- und Ablaufen am Zaun, dem Springen an die Zwingerwand mit Drehung, dem Drehen an der Leine, zu den Bewegungsstörungen. Häufig gehen diese Formen des ARV noch mit einem zunehmend aggressiven Verhalten einher. Die nette Sandy bewacht den ganzen Tag mit Feuereifer irgendwelche Objekte, die sie sich wohlgemerkt selbst nur einbildet – und sie ist davon durch nichts abzubringen. Auch das ist eine Form des ARV, ebenso das Fliegenschnappen, Schatten-Jagen oder das Jagen eingebildeter Objekte, ständiges Bellen, Jaulen, Kratzen, Kopfschütteln, auf der Stelle springen, Kot- und Unratfressen.

Alle Stereotypien sind ritualisiert: Sie werden regelmäßig in einer gewissen, gleich bleibenden Grundform gezeigt und dann immer wiederholt. Sie scheinen keinerlei Nutzen zu haben. Je schwerer der Grad der Stereotypie, desto schwieriger wird es, den Gestörten von diesem Verhalten abzulenken. Stereotypien bestehen aus sich immer wieder aufdrängenden Denkinhalten oder Handlungen, die jedoch unsinnig oder überflüssig sind. Für Zwangsverhalten gilt: Einmal ist keinmal. Also, sollte Ihr Hund einmal auf der Stelle springen oder sich kratzen, so brauchen Sie nicht sofort eine Stereotypie zu befürchten.

Auch auf neurologischer Ebene unterscheiden sich Stereotypien und Zwangsstörungen voneinander, indem unterschiedliche Gehirnareale sowie Neurotransmitter beteiligt sind. Neuroendokrinologisch konnten bisher hauptsächlich Veränderungen im Metabolismus von Dopamin in Zusammenhang mit Stereotypien gebracht werden. Im Unterschied zu Stereotypien basieren Zwangsstörungen neuroendokrinologisch hauptsächlich auf Veränderungen des Serotoninstoffwechsels. Gestützt wird dies von Wirksamkeitsstudien mit (Selective) Serotonin Re-uptake Inhibitors ((S)SRIs). Bei den betroffenen Anteilen des Gehirns konnten ebenfalls Unterschiede festgestellt werden. Während bei Stereotypien hauptsächlich Störungen im Bereich der Basalganglien vermutet werden, werden Zwangsstörungen mit Beeinträchtigungen des präfrontalen Kortex in Zusammenhang gebracht. Beide Gehirnareale sind für bestimmte Aspekte der Verhaltenssteuerung zuständig. In den Basalganglien ist u. a. die neurologische Verarbeitung motorischer Reaktionen lokalisiert. Der präfrontale Kortex hingegen verarbeitet Verhaltensplanungen, die Auswahl der Verhaltensweisen, Verhaltenskorrekturen und die Bewältigung vielschichtiger Situationen. Schädigungen dieser Areale können daher mit spezifischen Beeinträchtigungen der Verhaltenssteuerung verbunden sein.

Differenzierung

Stereotypien	Zwangsstörung
ohne erkennbaren Grund	zielgerichtet
invariant	variabel, sekündär
	unveränderlich
Basalganglien	präfrontaler Cortex
dopaminerg	serotinerg

Stadien der Stereotypie

Die Stereotypie wird medizinisch in primäre oder sekundäre Verhaltensstörungen eingestuft. Primäre sind angeborene oder durch Hirnfunktionsstörungen bedingte Verhalten.

Sekundäre sind durch Stress oder klinische Erkrankungen bedingte Verhaltensstörungen. Mögliche klinische Ursachen sollten daher immer ausgeschlossen werden, bevor man mit einer Therapie beginnt. Außerdem kann Stereotypie, je nach Intensität, in verschiedene Stadien unterteilt werden. Falls Euer Hund Anzeichen einer Stereotypie zeigt oder ein ähnliches Verhalten, so bringt meinen Artgenossen bitte zu einem dafür spezialisierten Tierarzt. Es genügt, die jeweilige Tierärztekammer Eures Bundeslandes anzurufen, um eine Liste der eingetragenen Tierärzte zu erhalten, die auf das Gebiet Tierverhaltenskunde und -therapie spezialisiert sind.

11

So lerne ich rasch und gern –
Erziehungsprobleme vermeiden

Oft gebt Ihr Menschen gern mit uns Hunden an: Kaum habt Ihr einen von uns aufgenommen, schon wollt Ihr allen zeigen, wie gut der neue Genosse auf vier Beinen alles versteht und wie vorbildlich er pariert! Mich erstaunt es immer wieder, dass die meisten Menschen es für selbstverständlich halten, dass wir Eure Sprache verstehen. Deshalb geben sie sich auch kaum Mühe, uns etwas in unserer Sprache verständlich zu machen. Das wird für uns häufig stressig und kann zu Missverständnissen führen, die unsere Beziehung zu Euch dann von Anfang an und eventuell sogar irreparabel belasten. Es wäre besser für beide Parteien, wenn Ihr Euch erst einmal über unsere Lernweise schlau machen würdet – und erst dann mit unserer Erziehung beginnt.

Wie wir lernen

Wir Hunde lernen, wie alle anderen Lebewesen, um unseren eigenen Zustand zu optimieren. Ein Lernen, um „anderen zu gefallen“ oder „weil man den anderen so mag“ ist von der Natur nicht vorgesehen. Das bedeutet, dass wir nur etwas tun, wenn wir auch etwas davon haben. Demzufolge müssen wir also motiviert werden. Die Motivation stellt den Anfang und den wichtigsten Aspekt unserer Erziehung dar. Sie kann je nach Gelegenheit und je nach Individuum variieren. Motivation geht mit Belohnung einher: Ihr müsst individuell für Euren Hund eine Ultra-Belohnung herausfinden, die ihn stets und in jeder Situation mehr motiviert als alles andere!

Beispielsweise stellt Futter für mich kaum noch eine Motivation dar, wenn ich mich gerade erst satt gefressen habe. Habe ich dagegen einen gewissen Appetit, so werde ich vieles tun, um an Futter zu kommen. Leckereien, Spielzeuge, Lob oder Aufmerksamkeit können der Motivation dienen.

Das Herrchen von Sheila beschwerte sich einmal auf der Straße über seine Hündin, weil diese trotz wiederholter lauter Kommandos wie „Komm, Sitz, Platz" nicht parieren würde. Er bezeichnete sie als „blöde Zicke", „Sturkopf" und „dumme …" … na ja, mehr möchte ich hier nicht wiedergeben. Mein Herrchen fragte ihn, warum die arme Sheila denn unbedingt gehorchen solle, und der Mann antwortete: „… weil ich es sage!". – Warum geht Sheilas Herrchen jeden Tag zur Arbeit: Weil sein Chef das sagt? Oder weil er am Monatsende dafür Gehalt bekommt? – Also, ich denke: Ihr Menschen macht ohne Motivation auch nichts. Und um ehrlich zu sein: Wenn Ihr etwas macht, wofür Ihr nicht bezahlt werdet, so hofft Ihr doch insgeheim, dass es sich irgendwie dennoch rentieren wird.

Es gibt viele Möglichkeiten, um etwas zu lernen. Jeder von Euch hat in der Schule eine individuelle Art des Lernens favorisiert. Mein Herrchen etwa hat immer alles schematisiert. Das schematisierte Blatt speicherte er danach wie ein Foto in seinem Gehirn und er bestand alle Prüfungen problemlos. Sein Kommilitone Markus musste sich dagegen stets eine logische Geschichte ausdenken, damit der gelernte Stoff in seinem Gehirn blieb. Wir Hunde hingegen sind in unserem Lernvorgang nicht besonders kompliziert; Ihr Menschen würdet es wohl als „einfach strukturiert" bezeichnen. Wir lernen am besten, indem wir Ereignisse oder Vorgänge assoziieren. Assoziation bedeutet, dass zwei Ereignisse, die gleichzeitig oder kurz nacheinander geschehen, in unserem Gehirn miteinander in Verbindung gebracht werden.

Was ist „Konditionierung"?

Wenn eine Assoziation regelmäßig und häufig stattfindet, spricht man von „Konditionierung". Die Konditionierung ist der Vorgang, bei dem die Assoziation fest in unserem Gehirn gespeichert wird.

Auch bei uns Hunden besteht so etwas wie eine biologische „preparedness", eine Bereitschaft: Wir sind von der Natur so bedacht worden, dass wir für unser Leben besonders wichtige Verknüpfungen schneller herstellen können als unwichtigere.

Die wichtigste Rolle bei der Assoziation und Konditionierung spielt die Zeit. Euer Menschengehirn hat die Möglichkeit, Begebenheiten zu koppeln, die zeitlich weit auseinander geschehen. Zum Beispiel verknüpft Euer Gehirn, dass die Aussaat eines Samenkorns nach einigen Monaten eine Pflanze entstehen lässt, oder dass nach einigen Minuten das Wasser kocht, nachdem Ihr einen Topf mit kal-

tem Wasser auf den Herd gestellt habt. Unser Gehirn dagegen verkoppelt nur, was innerhalb extrem kurzer Abstände nacheinander geschieht. Diese Abstände dürfen normalerweise zwischen einer und drei Sekunden betragen. Das sollte von Euch bei unserer Erziehung unbedingt berücksichtigt werden!

Belohnung und Fehlverknüpfung – die „Ein-Sekunden-Regel"

Die beste Regel für unsere Erziehung lautet: Wenn wir etwas nach Euren Vorstellungen tun, muss die Motivation namens „Belohnung" dafür innerhalb einer Sekunde erfolgen. Sonst sind wir höchstwahrscheinlich nicht mehr in der Lage, diese Belohnung mit unserer durchgeführten Handlung in Verbindung zu bringen. Natürlich nehmen wir gern die Belohnung entgegen – aber wir wissen nicht, wofür wir gerade etwas Tolles bekommen! Die Belohnung dient dann nicht mehr als Motivation für die durchgeführte Handlung.

Immer, wenn Larry aus Sicht seines Herrchens etwas gut gemacht hatte, gingen die beiden zusammen in die Küche, wo Larry seine Belohnung bekam. Doch Larry konnte diese „guten Handlungen" nicht auf Befehl wiederholen, weil er ja gar nicht verknüpft hatte, wofür er etwas bekam. Er war nur jedes Mal froh, wenn jemand in Richtung Küche marschierte – weil es dort Leckeres für ihn zu ergattern gab …

Die meisten Probleme beim Lernen entstehen durch Fehlverknüpfungen. Pluto und Marte sind zwei interessante Beispiele: Pluto wurde im Alter von neun Wochen von seiner neuen Familie abgeholt. Der dreizehnjährige Sohn der Familie wollte Pluto rasch beibringen, sofort zu ihm zu laufen, wenn er „Pluto komm" rief. Pluto sah den Jungen zwar sehr neugierig und aufmerksam an, wusste aber beim besten Willen überhaupt nicht, worum es ging. Der Junge wurde ungeduldig, und nach einigen erfolglosen Versuchen ging er beim Rufen auf den Hund zu. Pluto flüchtete und der Junge lief ihm hinterher, während er immer wieder „Pluto komm" wiederholte. Pluto hatte somit am ersten Tag gelernt: Wenn das junge Herrchen „Pluto komm" sagt, muss ich weglaufen – er versucht, mich zu fangen und wir haben riesigen Spaß!

Das Frauchen von Marte wollte ihren Hund schnellstmöglich das Kommando „Gib Laut" lehren. Sie guckte ihm dafür in die Augen und immer, wenn Marte zurückschaute, gab sie das Kommando. Marte bellte natürlich nicht, weil er ja überhaupt nicht wusste, was sie von ihm wollte. Er blickte ihr einfach weiterhin neugierig in die Augen. Frauchen wiederholte das Kommando mehrmals und Marte wurde immer neugieriger und aufgeregter. Später gab sie ihm sogar ein Leckerli in der Hoffnung, er würde vielleicht aus Dankbarkeit Laut geben. Aber Marte blieb weiterhin still und guckte ihr nur immer tiefer in die Augen, da er bei dem Ganzen verstanden hatte: Wenn sie das Kommando „Gib Laut" benutzt, bedeutet das, „Schau mir in die Augen und du bekommst einen Keks!".

Um Fehlverknüpfungen zu vermeiden, sollte man mit uns zuerst die von Euch erwünschte Handlung trainieren, ohne dabei ein Kommando zu benutzen. Das heißt: Bis ich beispielsweise mit Bellen reagiere, müsst Ihr Euch etwas einfallen lassen, um mich zu diesem Verhalten zu bringen. Das kann von Euch immensen Einsatz und Einfallsreichtum erfordern. Mein Herrchen beispielsweise hüpfte immer solange vor mir auf und ab, bis ich das so spaßig fand, dass ich ihn einfach anbellen musste! Erst wenn wir die gewünschte Handlung dann zeigen, solltet Ihr zeitgleich ein Kommando wie „Gib Laut" benutzen und uns sofort belohnen. So können wir Handlung, Kommando und Belohnung in Verbindung bringen. Ebenso könnt Ihr einfach abwarten, bis wir selbst irgendetwas zum Bellen finden. Oder Ihr könnt das Bellen ganz einfach mit dem Klingeln an der Haustür provozieren. Das klappt bei uns fast immer. Nach einigen Wiederholungen werden wir dann in der Lage sein, das Kommando mit der Belohnung und der Handlung „Bellen" zu assoziieren. Dann wird das Kommando allein ausreichen, ein Bellen zu provozieren. Tja, was tut unser eins nicht alles für einen Keks!

Sichtzeichen

Häufig werden von Euch auch Handzeichen benutzt, um uns zu bestimmten Handlungen zu bringen. Sobald wir regelmäßig auf diese Zeichen mit der richtigen Handlung reagieren, kann man ein Kommando als Hörzeichen hinzufügen. Ihr solltet dabei aber unbedingt auf die richtige Reihenfolge achten: Wenn Ihr zuerst das Sichtzeichen gebt und dann das Kommando, können wir Hunde das Wort gar nicht mehr richtig wahrnehmen, da wir uns bereits zu sehr auf das Handzeichen konzentrieren. So etwas nennt man dann „Überschattung".

Gebt uns daher bitte zuerst das Hörzeichen und unmittelbar danach, nur etwa eine zehntel Sekunde später, macht Ihr dann die Handbewegung. Das für Euch Primaten so typische, begleitende Gestikulieren kann für uns beim Lernen ein Störfaktor sein. Wir nehmen nicht nur die Hörzeichen, sondern auch unter anderem alle visuellen Umstände der Situation wahr. Ein Beispiel: Ihr wollt einem Hund das „Sitz" beibringen. Beim Kommando nehmt Ihr unbewusst stets die gleiche Körperhaltung ein, seid etwa leicht vorgeneigt und stellt einen Fuß vor. Folglich machen wir „Sitz" dann nur in Verbindung mit dieser Körperhaltung. Bleibt die einmal aus, werden wir uns nicht setzen – und Ihr wundert Euch über unseren vermeintlichen Ungehorsam...

Klassische Konditionierung

Es gibt zwei Formen der Konditionierung: Die klassische und die operante, oft auch instrumentelle genannt. Bei der klassischen Konditionierung handelt es sich um eine im Gehirn fest gespeicherte Assoziation zwischen einem

unkonditionierten Reiz/Stimulus (UCS), der eine unkonditionierte reflexartige Reaktion/Response (UCR) verursacht und einem von Euch zugeführten Reiz, den man auch „neutralen Stimulus" (NS) nennt.

Die Reaktion, die der zugeführte Reiz bzw. „neutrale Stimulus" auslöst, muss anders als die Reaktion sein, die der unkonditionierte Reiz hervorruft. Diese wird in diesem Fall „Orientierungsreaktion" (OR) genannt.

Das klingt komplizierter, als es ist und lässt sich am besten am Beispiel der weltweit bekannten Beobachtungen erklären, die der russische Forscher Iwan Pavlov einst machte: Ein ziemlich verfressener Hund reagierte jedes Mal mit Speicheln, wenn er sein Futter sah. Herr Pavlov nahm eine Glocke und ließ sie nun immer klingeln, wenn er meinem Artgenossen Futter zeigte. Nach einer gewissen Zeit reichte es bereits aus, nur die Glocke hören zu lassen, um meinen Artgenossen zum Speicheln zu veranlassen. Also: Eine unkonditionierte angeborene Reaktion, das Speicheln, wurde durch einen unkonditionierten angeborenen Reiz, das Futter, ausgelöst. Pavlov verknüpfte nun einen von ihm zugeführten Reiz/Stimulus (NS), die Glocke, mit dem Reiz/Stimulus (UCS) „Futter". Man nennt das auch Reizsubstitution. Beide Reize bekamen so für den Hund die gleiche Bedeutung und führten danach auch unabhängig voneinander zu der gleichen Reaktion/ Response: die Speichelabsonderung (UCR)!

Von nun an wird der zugeführte Reiz (der Glockenton) nicht mehr „neutraler Stimulus", sondern „konditionierter Stimulus" (CS) genannt. Er löst dann keine Orientierungsreaktion (OR) „Aufmerksamkeit z. B., Ohren aufstellen" mehr aus! Die Reaktion, die jetzt durch den konditionierten Stimulus hervorgerufen wird, also die Speichelabsonderung, heißt einfach „konditionierte Reaktion" (CR)! Siehe dazu auch die Tabelle auf Seite 92.

Die konditionierte Reaktion ist ebenso wie die unkonditionierte Reaktion ein Reflex! Sobald die konditionierte Reaktion bewusst gesteuert wird oder eine Erwartung verursacht, handelt es sich nicht mehr um eine klassische Konditionierung!

Die klassische Konditonierung wird von Euch häufig genutzt bei: Der Erziehung zur Stubenreinheit, beim „Anti-Übelkeitstraining" – damit wir beim Autofahren nicht erbrechen –, bei den ersten Durchführungen der Konditionierung auf den Klicker wie bei Übungen zur Gegenkonditionierung in der Verhaltenstherapie.

Sehr wichtig, und deshalb betone ich es erneut: Es gibt hier keine bewusste Handlung bei uns! Die von Euch Menschen gewünschte Reaktion ist eine Reflexhandlung und kann von uns willentlich nicht gesteuert werden. Deshalb bleibt die klassische Konditionierung auch nicht „kontextspezifisch": Sie kann überall durchgeführt werden und funktioniert an jedem Ort zu jeder Zeit.

Ohne fachmännische Anleitung solltet Ihr nicht versuchen, uns klassisch zu konditionieren! Denn diese Art der Erziehung ist nicht so einfach, wie sie sich vielleicht anhört; sie kann auch sehr viel Schaden anrichten. Viele unserer Verhaltensprobleme und irreparable Beziehungsfehler zwischen Hund und Halter sind durch inkompetente Ausübungen der Konditionierung entstanden. Wendet Euch bitte an erfahrene Hundetrainer oder dafür qualifizierte Tierärzte.

Leider glaubt Ihr Menschen häufig, bereits alles über uns zu wissen (einige scheinen schon als Professoren auf die Welt zu kommen) – und lehnt allzu oft fachmännische, kostenträchtige Hilfe von vornherein ab. Sobald unsere Reaktion auf den Reiz nicht mehr ein Reflex ist, sondern bewusst von uns gesteuert wird, kann man nicht mehr von „klassischer Konditionierung" reden.

Operante Konditionierung

Bei der operanten Konditionierung handelt es sich um eine im Gehirn fest gespeicherte Assoziation zwischen einem Reiz und einer bewussten Verhaltensreaktion auf diesen Reiz. Ganz wichtig hierbei ist die Konsequenz, die entweder ein Erfolg oder ein Misserfolg sein kann.

Ein gutes Beispiel ist die süße braune Labradorhündin Lulu. Reiz 1: Herrchen isst am Tisch. Verhaltensreaktion 1: Lulu bettelt. Konsequenz 1: Lulu hat Erfolg, sie erhält einen Bissen. Lulu wird in Zukunft bei Herrchen weiter betteln. Reiz 2: Frauchen isst am Tisch. Verhaltensreaktion 2: Lulu bettelt. Konsequenz 2: Lulu hat keinen Erfolg, sie erhält nichts. Lulu wird in Zukunft bei Frauchen nicht mehr betteln. Beim zweifach gleichen Reiz kann Lulu je nach Art der Konsequenz bewusst entscheiden, wann sie sich bei wem wie verhält. Achtet bitte auch bei der operanten Konditionierung auf die „Ein-Sekunden-Regel": Damit ein Stimulus, Reiz oder Kommando mit der erwünschten Verhaltensreaktion verknüpft werden, sollte die Belohnung als Motivation binnen einer Sekunde nach der gezeigten Handlung erfolgen.

Wenn ein Mensch eine Pfeife für die operante Konditionierung bei mir benutzt, reagiere ich bewusst, d. h. ich kann frei entscheiden, ob

ich dem Pfiff gehorche oder nicht. Es hängt alles davon ab, wie toll die Belohnung ist, die auf mich wartet. Motiviert mich meine augenblickliche Beschäftigung mehr als die langweilige Belohnung für meine Gehorsamkeit, ignoriere ich natürlich Euer Kommando – dann könnt Ihr „pfeifen, bis der Arzt kommt".

Wenn ich zum Beispiel einem super spannenden Ballspiel folge, lasse ich mich doch nicht von dem Gedanken an den stets gleichen, trockenen Keks davon abbringen – wäre doch ein echt schlechter Tausch, oder? Das gilt nicht nur für die Pfeife als Konditionierungsinstrument, sondern auch für alle anderen möglichen Befehlsinstrumente, von der Stimme bis zum Handzeichen. Sorgt bitte dafür, dass die Motivation, wegen der ich gehorche, für mich immer interessant bleibt.

Nachdem ich eine Handlung etwa einhundert Mal ohne Schwierigkeiten gezeigt habe, habe ich in der Regel die Sache verstanden. Ab dann solltet Ihr mich nicht mehr so offensichtlich belohnen, sondern mehr und mehr nach dem Zufallsprinzip, auch „intermittierende Belohnung" genannt. Man sollte mich nun in variierenden Zeitintervallen belohnen. Ich bleibe dadurch stets in der Erwartung, belohnt zu werden und tue dafür weiterhin alles. Ein Vergleich aus Eurer Menschenwelt: Spielautomaten machen Euch süchtig. Weil Ihr Gewinne erhofft, obwohl Ihr oft keine bekommt. – Na ja, Hauptsache, ich werde von Euch häufiger belohnt als Ihr von Euren Spielautomaten! Andernfalls wird die Frustration bei mir irgendwann so groß, dass ich möglicherweise das von Euch erwünschte Verhalten gar nicht mehr zeigen werde.

Nicht nur die Art und Weise der Motivation spielt hier eine wichtige Rolle. Sondern die operante Konditionierung beinhaltet sowohl eine bewusste Handlung als auch einen spezifischen Kontext: Wir Hunde verknüpfen in diesem Moment alle Begebenheiten, die im selben Augenblick um uns herum geschehen. Das erklärt, warum sich viele Hundebesitzer blamieren, wenn ihr Liebling die in der Hundeschule gelernte Übung nicht vor der gesamten Verwandtschaft auf dem Parkplatz zeigen will. Wie oft hört man dann: „... aber auf dem Hundeplatz kann er alles ... sogar viel besser als die anderen Hunde!“ Tja, aber was kann mein Artgenosse denn dafür? Er hat die Übung nicht in dem Kontext „Verwandtschaft und Parkplatz“, sondern in dem der „Hundeschule“ gelernt – also auf einem bestimmten Platz mit bestimmtem Untergrund, immer mit denselben Menschen, Artgenossen, Bäumen, Gegenständen und allem anderen, was ihm für diese Übung so relevant schien. Das Kommando „Platz und Bleib!“ etwa hat für Euch Menschen überall die gleiche Bedeutung. Wir Hunde jedoch können es nur an Orten verstehen und ausführen, an

denen wir es gelernt und regelmäßig geübt haben. Ebenso hat das Hörzeichen „Sitz“, wenn es uns im Kontext „Wohnzimmer“ beigebracht wurde, im Kontext „Garten“ zunächst für uns keine Bedeutung.

Generalisierung

Die Colliemischlingshündin Teiran lebte seit ihrer Geburt mit anderen Artgenossen bei einem verantwortungslosen Züchter. Dort durfte sie mit ihren Freunden nur zweimal täglich für etwa je zwei bis drei Stunden in einen kleinen Garten. Die anderen 18 bis 20 Stunden verbrachte sie im geschlossenen Hundezimmer. Als Teiran im Alter von sechs Monaten dann endlich doch noch von einer Familie übernommen wurde, hatte sie große Schwierigkeiten damit, stubenrein zu werden. Die Familienmitglieder brachten sie abwechselnd ständig nach draußen – in der Hoffnung, dass sie sich dabei entleeren würde, was dort jedoch sehr selten vorkam. Sobald die sehr weltfremde Teiran aber ins Haus zurückkam, verrichtete sie augenblicklich ihr kleines – und zur besonderen Freude aller Beteiligten auch dreimal täglich ihr großes – Geschäft: Denn Teiran hatte bis dahin nur in dem Kontext „glatter Untergrund, vier Wände und ein Dach“ gelernt, sich zu entleeren. Ihr Herrchen und ihr Frauchen hatten nichts Besseres zu tun, als sie zu bestrafen. So ein Blödsinn! Teiran wurde immer viel später als eine Sekunde nach dem Urinieren zurechtgewiesen und konnte deshalb nie diese Bestrafung mit dem Urinieren verknüpfen. Sie hatte nur Angst vor der sich rasch verändernden Laune der Menschen. Davon abgesehen sind körperliche Strafen für unsere Erziehung eher kontraproduktiv. Ich frage mich, warum jemand für ein natürliches Bedürfnis wie das Urinieren gezüchtigt werden sollte. Auch wenn meine Freundin Teiran während des Urinierens bestraft worden wäre, hätte sie es höchstwahrscheinlich nicht richtig verstanden. Ihr macht Eure Geschäfte doch schließlich auch im Haus. Gewiss, Ihr geht auf die Toilette, aber wir Hunde wissen gar nichts von einem WC oder gar von einer Kanalisation. Wir sehen, hören und riechen, dass Ihr Euch im Haus entleert. Also wieso dürfen wir es nicht? Nein, glaubt mir, damit wir verstehen, was Ihr von uns möchtet, müssen wir bestochen werden. Das bedeutet: Es muss sich für uns lohnen, unsere Geschäfte draußen statt im Haus zu erledigen. Wir müssen aufgrund eines Zufalls, durch das Riechen oder vielleicht sogar durch das Miterleben, wie und wo ein anderer Artgenosse sich entleert, selber auf die Idee kommen, draußen zu urinieren oder Kot abzusetzen. In diesem Moment, besser gesagt fast noch währenddessen, müssen wir dafür super gelobt und gefeiert werden. Wir müssen denken, dass wir deshalb die Helden dieser Welt sind. Nach einigen Malen halten wir an und entleeren uns draußen. Letztendlich passiert zu Hause ja auch nichts und draußen sind wir die Größten!

Sollten wir uns in Eurem Haus gewiss oder ungewiss entleeren, sagt lieber nichts und reagiert am besten auch nicht. Auch wenn es auf dem wertvollsten Teppich passiert. Die Tatsache, dass Ihr vor unseren Augen unsere Produkte entfernt, finden wir interessant und Eure Aufmerksamkeit zu gewinnen ist für uns sehr wichtig. Wir würden sonst lernen, dass wir im Kontext „im Haus urinieren“ die für uns schon fast lebensnotwendige Aufmerksamkeit von Euch leicht gewinnen können.

Dass wir Hunde kontextspezifisch lernen, kann auch zu verschiedenen Erziehungsproblemen führen. Daher würde ich Euch raten: Übt alles, was wir lernen sollen, in verschiedenen Situationen und an unterschiedlichen Orten mit uns! Das nennt man „generalisieren“.

Kommandos richtig geben

Selbst wenn wir ein Kommando schon gut kennen, kann es für uns wieder an Bedeutung verlieren, wenn Ihr es zu oft oder in einer besonderen Situation erfolglos benutzt. Das wird von Euch in der Lerntheorie dann „Lernen von Bedeutungslosigkeit" genannt.

Das beste Beispiel hierfür bietet Briciola. Briciola ist eine Cockermix-Hündin, die vom Welpenalter an bei jeder Gelegenheit mit anderen Hunden uneingeschränkt spielen durfte, solange sie nur wollte. Da ihr Herrchen und Frauchen das toll fanden und sich nichts weiter dabei dachten, überließen sie die Hunde dabei immer sich selbst. Briciola lernte also von Anfang an, dass „anderer Hund" bedeutet: „Ich kann spielen, ich brauche nicht zu gehorchen und muss mich um Herrchen und Frauchen nicht weiter kümmern". Als Briciola etwas älter war, wollten ihre Besitzer sie plötzlich einmal aus dem Spiel abrufen, weil sie es eilig hatten. Sie ärgerten sich, dass Briciola nun nicht reagierte, obwohl sie das Kommando „Komm" sonst gut beherrschte. Das Hörzeichen „Komm" hatte für Briciola im Spiel mit Artgenossen keinerlei Bedeutung. Und je öfter ihr Herrchen später erfolglos „Komm" schrie, umso mehr verlor dieses Hörzeichen an Wert.

Apropos Schreien: Ich verstehe wirklich nicht, warum Ihr Menschen so oft laut werdet oder gar schreit, um uns einen Befehl zugeben. Oft sind wir nicht mehr als einen Meter von Euch entfernt – und wir hören sehr gut. Für uns ist es sogar normal, auf Geräusche zu achten, die aufgrund ihrer Frequenz für Euch nicht einmal hörbar sind. Ihr Menschen hört im Bereich von etwa 16 bis 20.000 Hz. Wir Hunde jedoch hören bis in den Ultraschallbereich hinein, der etwa 50.000 Hz beträgt. Mit diesem Tonfrequenzlimit von 50 kHz sind wir Hunde zwar anderen Tierarten, wie beispielsweise Fledermäusen und Delfinen (etwa 150 kHz) unterlegen, aber im Bruchteil einer Sekunde können wir auch das leiseste Geräusch wahrnehmen und genau orten. Wenn wir lernen, nur auf laute Kommandos zu reagieren, haben die gleichen Hörzeichen in leiser Form keine Bedeutung mehr für uns. Lernen wir beispielsweise, uns auf ein geschrieenes „Platz"mit der Brust und Bauch auf den Boden zu legen und nicht mehr zu bewegen, so werdet Ihr uns nie aus einer gewissen Distanz dazu bringen. Ein Beispiel: Wir sind hundert Meter gegen die Windrichtung von Euch entfernt. Wegen akuter Gefahr sollen wir uns plötzlich hinlegen. Wie laut Ihr nun auch „Platz!" schreit – das Hörzeichen kommt trotzdem nur sehr leise an. Da wir in dem Kontext „Leise" dieses Kommando aber nicht kennen, bleibt es für uns unbedeutend und wir gehorchen nicht. Hättet Ihr mit uns dieses Hörzeichen leise geübt, würde Euch und uns das in dieser Situation sehr nützlich sein.

Konsequent sein

Ein ganz wichtiger Aspekt unserer Erziehung ist Eure Konsequenz. Häufig erschwert Eure Inkonsequenz unsere Erziehung: Einmal müssen wir etwa so lange im „Platz" liegen bleiben, bis unser Herrchen etwas anderes sagt. Beim nächsten Mal dürfen wir aufstehen, ohne beachtet zu werden – weil unser Herrchen in ein Gespräch vertieft ist. Wieder ein anderes Mal ärgert sich unser Herrchen dann darüber, wenn wir aus eigener Initiative aufstehen oder vom „Platz" ins „Sitz" gehen, und trotzdem lobt er uns manchmal dafür. Oder unser Herrchen wechselt zwischen verschiedenen Kommando-Begriffen wie „Leg dich" oder „Geh runter" – obwohl er „Platz" meint. Ihr Menschen wisst oft gar nicht, was Ihr uns mit Eurer inkonsequenten Art antut. Wisst Ihr eigentlich, dass jedes Eurer Familienmitglieder ein anderes Bewegungsmuster für die gleiche Botschaft haben kann? Wie sollen wir diese unterschiedlichen Bewegungen deuten? Herrchen streckt für „Sitz" die Hand genau so aus, wie Frauchen es für „Bleib" tut. Es ist für uns sehr schwierig, aus Eurem Eintopf von Signalen schlau zu werden. Auch vergesst Ihr häufig, ein gegebenes Kommando mit einem Gegenkommando aufzulösen, indem Ihr Euren Hund zum Beispiel „Sitz" machen lasst, ohne ihn wieder aus der Position zu befreien.

Das alles verwirrt uns, und wir bauen Stress auf. Haben wir Stress, so werden im Körper Substanzen frei, die bei uns eventuell zu einer „Denkblockade" führen. In diesem Zustand können wir weder Neues lernen, noch bereits erlerntes Verhalten abrufen. Viele Frauchen und Herrchen meinen dann, ihr Liebling sei einfach stur. Und schreien ihren Hund an, beschimpfen ihn gar. Das verstärkt unseren Stress nur noch mehr – und schon entsteht ein Teufelskreis des Missverstehens. Leider sind es oft die willigsten und cleversten Hunde, die am meisten unter Eurer Inkonsequenz zu leiden haben.

Also seid bitte konsequent mit uns! Aber sollte es dennoch einmal zu so einem Stresszustand kommen, habt bitte Geduld: Unter-

brecht zunächst jede Übung! Überdenkt, wo ein Fehler passiert sein könnte! Erst wenn wir wieder ganz entspannt sind, solltet Ihr locker, aber trotzdem konsequent von vorne beginnen.

Shaping, Chaining und Verstärkung

Bei komplexen Übungen lohnt es sich, mit uns nach zwei verschiedenen Methoden zu arbeiten. Die eine heißt „Shaping", zu deutsch „Formen". Dabei wird unser Verhalten geformt. Der Mensch führt uns in kleinen Schritten, die immer belohnt werden sollten, bis zu einem erwünschten Verhalten. Erst dann wird das dafür nötige „Erkennungssignal", das Kommando, eingeführt. Bei der zweiten Methode, dem „Chaining", zu deutsch „Verketten", wird eine Handlungskette in ihre einzelnen Elemente zerlegt. Jeder Teil der Handlung wird zunächst einzeln trainiert. Am Ende wird dann aus den einzelnen eingeübten Aktionen eine zusammenhängende Reihenfolge aufgebaut. Die Segmente werden wieder zur Handlungskette zusammengesetzt. Hierbei sollte man immer mit der Endhandlung beginnen und die vorhergehenden Übungen der Reihe nach hinzufügen. Jede Endhandlung der Kette sollte durch Belohnung motiviert werden.

Die Belohnung ist Grundlage jeder Motivation und wird umgangsprachlich „positive Verstärkung“ genannt. Durch die Belohnung steigt die momentane Stimmung: Sie löst bei uns einen positiven emotionalen Zustand aus, etwa Freude. Aber wo es etwas Positives gibt, kann es auch etwas Negatives geben. Durch eine Bestrafung sinkt die momentane Stimmung. Es entsteht ein negativer emotionaler Zustand, etwa Angst.

Der Unsinn des „Strafens“

Über Jahrhunderte wurden wir Hunde durch das „Strafen“ zu erziehen versucht. Uns wurden gar Schmerzen zugefügt, um Ausbildungsziele zu erreichen. Leider sind diese mehr als fragwürdigen Erziehungsmethoden auch heute noch in vielen Hundevereinen und Hundeschulen üblich. Die Anwendung von harten körperlichen Maßregelungen kann auch in einigen Fällen tatsächlich funktionieren – in den meisten allerdings nicht. Sollte es eventuell funktionieren, ist es nichtsdestotrotz tierschutzwidrig und handelt sich um eine kurzfristige und auf gar keinen Fall langfristige Lösung.

Das Strafen ist abhängig vom Timing, der Intensität und Konsequenz. Wenn überhaupt: Auch die Strafe muss während oder innerhalb einer Sekunde nach der Handlung erfolgen, damit wir sie mit der von Euch unerwünschten Handlung verknüpfen können. Sie muss so intensiv sein, dass sie stärker ist als die Motivation, eine von Euch unerwünschte Handlung zu zeigen. Sie muss konsequent immer ausgeübt werden, sobald wir die von Euch unerwünschte Handlung zeigen. Andernfalls kann keine Verknüpfung zwischen Handlung und Strafe entstehen. Es kommt vielmehr, wie in den meisten Fällen, zu einer falschen Assoziation. Strafen kann daher sehr schädlich sein! Anhand folgender Beispiele werde ich Euch zeigen, dass auch, wenn normalerweise Intensität und Timing eventuell noch zu gewährleisten wären, ein hundertprozentiges Einhalten der Konsequenz kaum möglich ist.

Der Norfolk Terrier Shmity beispielsweise wurde von seinem Herrchen immer mit der Zeitung geschlagen, wenn er im Haus mit dem Ball spielte. Da der Ball aber für ihn stets zur Verfügung stand, konnte er in Abwesenheit seines Herrchens beliebig oft mit ihm ohne Bestrafung spielen. Shmity verknüpfte daher die Strafe mit der Person seines Herrchens, wann immer der eine Zeitung in der Hand hielt.

Seit dieser Zeit ist in der Beziehung von Shmity zu seinem Menschen „der Wurm drin“. Schlagen ist in unserem Verhaltensprogramm nicht vertreten. Schlagen ist eine Art der Bestrafung, die von uns nicht nachvollzogen werden kann. Dadurch wird nur Unsicherheit und Angst vor Euch anerzogen. Das ganze kann sich dermaßen steigern, dass es sogar in einem Ernstkampf mit Euch endet.

Am besten schlagt Ihr Menschen Euch mit Eurer gerollten Zeitung so lange selbst auf den Kopf, bis Ihr versteht, wie überflüssig solche Strafen sind. „Leichte Schläge auf den Hinterkopf erhöhen das Denkvermögen“, heißt es doch, oder?

Strafen können Nebenwirkungen haben. Ähnlich wie bei Shmity kann eine Strafe von uns falsch verknüpft werden: Wir bringen sie zum Beispiel mit anderen, zufällig anwesenden Personen, mit Geräuschen, Gerüchen oder Gegenständen in Verbindung. Eine Strafe kann Angst und somit Stress auslösen! Erinnert Ihr Euch an die schon besprochene Denkblockade im Gehirn? Die beeinträchtigt die Lernfähigkeit zum Negativen. Oft bleibt zum Beispiel die Angst vor Händen im Allgemeinen bestehen – solche Tiere bezeichnet man dann als „handscheu“. Durch die Strafe kann ein Besit-

zer seinen Hund lediglich tadeln, nicht jedoch den Weg zum Besseren aufzeigen. Die erlernte Hilflosigkeit durch eine zu harte Einwirkung ohne Fluchtmöglichkeit, die wechselnd angenehmen und unangenehmen Folgen für das stets gleiche Verhalten und die Überforderung des Hundes spielen beim Bestrafen ebenfalls eine große negative Rolle. Die körperlichen und seelischen Schmerzen, die eine Strafe bei uns eventuell auslöst, kann uns zur übermäßigen Aggression verleiten. Zudem kann die Beziehung von Hund und Halter belastet werden.

In der Verhaltenskunde redet man von: a) positiver Belohnung, wenn etwas Angenehmes hinzugefügt wird, b) negativer Belohnung, wenn etwas Unangenehmes entfernt wird, c) positiver Strafe, wenn etwas Unangenehmes hinzugefügt wird sowie d) negativer Strafe, wenn etwas Angenehmes entfernt wird.

Lernen mit Freude

Lernen muss Spaß bringen. Wenn wir Freude daran haben, üben wir gern und lernen sogar viel schneller. Hart strafen macht es unmöglich, rasch zu lernen. Unsere Kreativität und Konzentration lassen nach. Unsere Kreativität hängt sehr davon ab, welche Erfahrungen wir in den vorherigen Trainingsstunden gemacht haben. Hat zum Beispiel einer von uns gelernt, dass unerwünschtes Verhalten mit schmerzhafter Strafe verbunden ist, wird er sich höchstwahrscheinlich der Strafe entziehen, indem er schlauerweise überhaupt keine Verhaltensweisen mehr darbietet. Denn wer nichts macht, kann auch nichts falsch machen! Wurde mein Artgenosse hingegen für erwünschte Verhaltensweisen belohnt, und das unerwünschte Verhalten wenn möglich einfach ignoriert, so wird er sich weiterhin zwecks Belohnung um Einfallsreichtum im Verhaltensrepertoire bemühen. Also: Die Ignoranz kann Euer bestes Mittel gegen unerwünschtes Verhalten sein! Damit aber das Ignorieren als Erziehungsmethode wirklich zum Erfolg führt, müsst Ihr zu uns eine gute und intakte Beziehung haben. Die Rolle Mensch und die Rolle Hund müssen gut und klar definiert werden. Wenn wir überzeugt sind, die führende Position zu haben, interessieren uns weder Eure Befehle noch die Tatsache, ignoriert zu werden. Eure Kommandos werden für uns höchstens wie Ratschläge klingen und das Beste ist: wir werden Euch ignorieren! Wir drehen ganz einfach den Spieß um.

Flooding

Trotz noch so guter Vorbeugung und sorgfältiger Erziehung und Gewöhnung mag mancher von uns im Training oder im normalen Lebensablauf eine Angst gegen irgendetwas entwickeln. Unqualifizierte Hundetrainer und unerfahrene Besitzer versuchen dann oft, den armen Hund massiv mit der Angstsituation so oft zu konfrontieren, bis die unerwünschte Angstreaktion nicht mehr gezeigt wird. Diese Methode heißt „Flooding“, zu deutsch „Überflutung“, und verursacht eine Reizüberflutung. Beim Flooding entwickeln wir in der Regel noch mehr Angst und Stress; es kommt zur Denkblockade, so dass wir in diesem Moment nicht mehr lernfähig sind. Im Ergebnis bringt das für uns und Euch Probleme! Bitte verhindert, dass man in solchen Fällen so mit uns umgeht! Mit „Desensibilisierung“ und Gegenkonditionierung kann man diese Angst sanft und erfolgreicher beheben; es dauert nur eventuell etwas länger.

Desensibilisierung

Bei der Desensibilisierung setzt man den Hund ebenfalls der Problemsituation aus, führt ihn jedoch ganz langsam in sehr kleinen Schritten heran. Das erwünschte Verhalten wird dabei belohnt. Obwohl diese in der Humanmedizin als eine Form der klassischen Konditionierung betrachtet wird, können wir Hunde auf diese Art und Weise kontextspezifisch lernen, d. h. operant. Während wir Hunde desensibilisiert werden, nehmen wir in der Tat viele Reize wahr, die oft von Euch nicht einmal identifiziert werden und die einen operanten Kontext darstellen. Mein Kumpel Willy etwa hatte vor Pferden und Rindern Angst. Sein Herrchen ging mit ihm daher täglich in rund fünfzig Metern Entfernung von diesen Tieren spazieren. So konnte Willy die großen Tiere zwar sehen,

zeigte aber keine Angstsymptome. Beim Vorbeigehen wurde Willy stets mit einem Spielzeug für sein Verhalten belohnt. Schrittweise näherten sich die beiden jeden Tag etwas mehr den Rindern und Pferden. Die Belohnung verstärkte das erwünschte Verhalten von Willy weiter. Nach etwa zwei Monaten schaffte es der Hund: Er konnte in Begleitung mit seinem Spielzeug in nur wenigen Metern Entfernung von den Angstmachern spielen!

Während der Desensibilisierung ist wichtig: Die Schritte zum Endziel müssen so klein sein, dass der Hund niemals unter Stress gesetzt wird. Sollte der zu behandelnde Hund in der Desensibilisierung das unerwünschte Verhalten wieder zeigen, hat man sich dem Endziel zu schnell genähert. In diesem Fall sollte man den Hund von neuem in größerer Entfernung und diesmal behutsamer an die Angstobjekte heranführen.

Gegenkonditionierung

„Gegenkonditionierung" nennt man die Kopplung der Problemsituation mit einem für den Hund angenehmen Reiz. Sie ist eine Form der klassischen Konditionierung. Die Gegenkonditionierung ist deshalb nicht kontextspezifisch.

Meine Freundin Fifa zitterte jedes Mal,wenn sich ihr ein Fahrrad näherte, extrem an ihrer Leine. Ihr Frauchen versuchte stets, Fifa bereits mit einem Leckerli abzulenken, wenn ein Fahrrad nahte, bevor sie es wahrnahm. Das klappte gut: Als Fifa nach mehreren Wochen ein Fahrrad erspähte, zitterte sie nicht mehr – sondern besprenkelte die Beine ihres Frauchen mit Speichel, weil sie reflexartig das Fahrrad mit Futter verknüpft hat. Frauchen bekam seitdem immer nasse Füße und musste nun umso mehr auf nahende Fahrräder achten. Aber Fifa hatte keine Angst mehr vor Fahrrädern, nirgendwo. Mittlerweile verbindet sie „Fahrrad" bewusst mit etwas Leckerem und schaut nur noch erwartungsfroh und ohne zu sabbern ihr Frauchen an.

Bei der Durchführung der Gegenkonditionierung muss man beachten, dass wir hierbei den für uns angenehmen Reiz zugesetzt bekommen, bevor wir Angst zeigen. Sollten wir dagegen diesen Reiz zugesetzt bekommen, während wir zum Beispiel schon zittern, würden wir verstehen, dass Angst in dieser Situation richtig ist. Verhaltenstherapeuten wenden je nach Fall häufig eine Mischung aus Desensibilisierung und Gegenkonditionierung an.

Da die Gegenkonditionierung auf der klassischen Konditionierung basiert, bringt sie in ihrer Anwendung, je nach Fall, ein großes Problem mit sich.

Um dieses gut zu verstehen, müssen wir erst einmal kurz die Phasen des klassischen Konditionierens erklären.

Grundsatz der klassischen Konditionierung

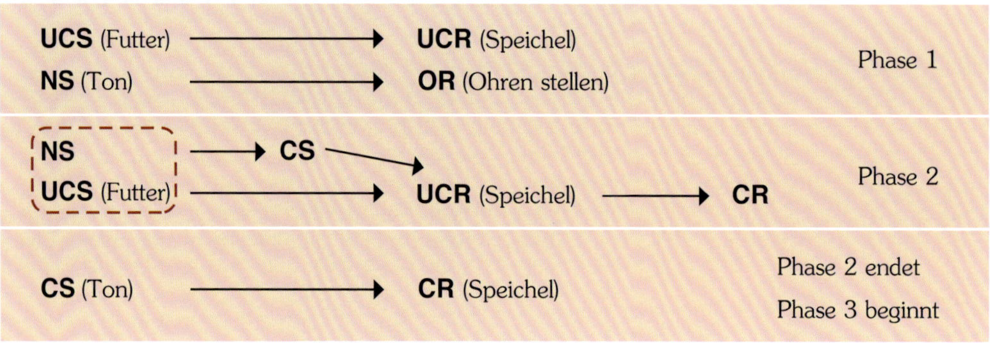

Phasen der Konditionierung

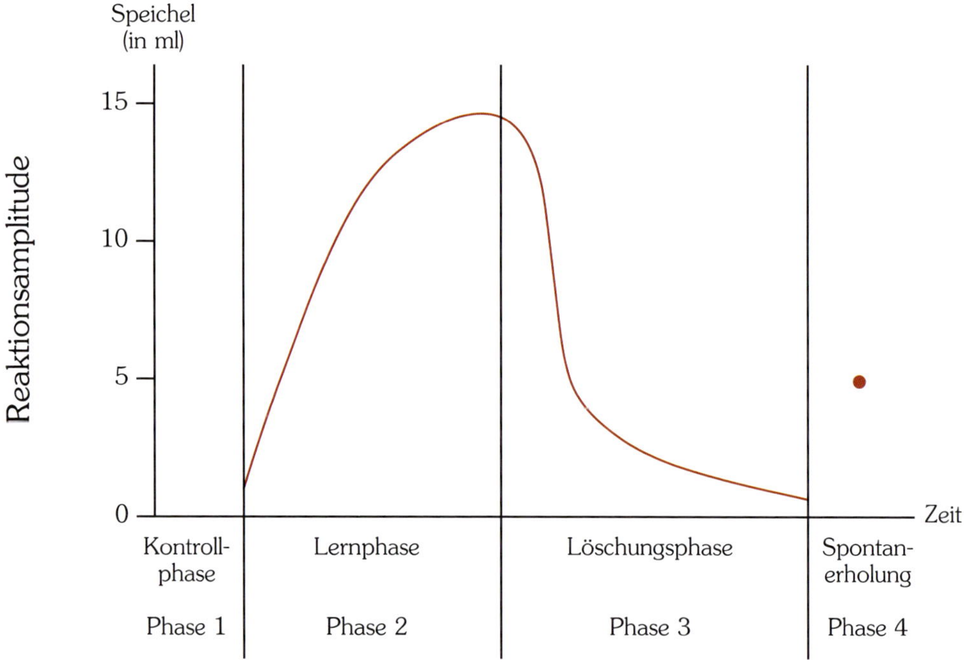

Phase 1 (Kontrolle): Hier muss sichergestellt werden, dass a) der unkonditionierte Reiz (UCS) eine unkonditionierte Reaktion (UCR) auslöst; b) der neutrale Reiz (NS) die unkonditionierte Reaktion (UCR) (noch) nicht auslöst; c) die Orientierungsreaktion (OR) sich auf den neutralen Reiz (NS) deutlich von der unkonditionierten Reaktion (UCR) unterscheidet. (Beispielsweise bei Pavlovs Versuch: UCR = Speichelabsonderung; OR = Aufmerksamkeit, z. B. Ohren stellen).

Phase 2 a) (Konditionierungs-Lernphase): Neutraler Reiz (NS) und unkonditionierter Reiz (UCS) werden zeitlich kontingent dargeboten. Die Reaktion wird vom unkonditionierten Reiz (UCS) ausgelöst.

Phase 2 b) (Ergebnis der Konditionierung): Der vormals neutrale Reiz (NS) ist zum konditionierten Reiz (CS) geworden. Er allein löst nun die Reaktion aus. Diese nennt sich konditionierte Reaktion (CR)!

Phase 3 (Löschung/Extinktion): Der konditionierte Reiz (CS) wird allein dargeboten. Folglich zieht dieses die konditionierte Reaktion (CR) nach sich. Aber: Diese ist schwächer als die unkonditionierte Reaktion (UCR). Nach mehrmaligem Wiederholen wird die konditionierte Reaktion (CR) immer schwächer, bis sie ganz verschwindet!

Phase 4 (Spontanerholung): Es ist eine fakultative Phase, d. h. sie muss nicht bei jeder klassischen Konditionierung stattfinden. Nach einer Pause wird der konditionierte Reiz (CS) erneut dargeboten. Die gelöschte Reaktion kann wieder auftreten, allerdings schwach und sie verschwindet nach kurzer Zeit wieder.

Jetzt kommen wir zum Problem. Nehmen wir an, dass einer meiner Artgenossen in Anwesenheit eines bestimmten Reizes reflexartig um sich herum beißt. Dieser Reiz kann verschiedenen Ursprungs sein wie z. B. akustisch, optisch, taktil, gustatorisch oder olfaktorisch. Das daraus resultierende reflexartige Verhalten kann sowohl durch einen Menschen herbeigeführt worden als auch durch unkalkulierbare Einflüsse bzw. Umstände bedingt sein. Das ist aber im Grunde irrelevant. Die Tatsache ist, dass er dabei keine Kontrolle über sein Verhalten hat. Er beißt eben reflexartig!

Durch eine Gegenkonditionierung wird er erfolgreich therapiert, sodass er auf diesen Reiz nicht mehr mit Beißen, sondern z. B. mit entspanntem Gesicht begleitet von Rutenwedeln reagiert. Das ist doch fantastisch! ABER! Was ist, wenn irgendwann die in der Phase 4 genannte Spontanerholung auftritt? Wenn die gelöschte Reaktion wieder auftritt und dieser Hund deshalb reflexartig ein Kind beißt, das sich in diesem unglücklichen Moment neben ihm befindet?

Das ist der Grund, weshalb klassisch konditionierte Reaktionen immer ein Problem mit sich bringen können. Und das egal, ob diese wie in Phase 3 von allein verschwinden oder z. B. mittels einer Gegenkonditionierung therapiert werden! Phase 4 trägt daran die Schuld. Die mögliche unvorhersehbare und plötzlich wieder auftretende gelöschte Reaktion macht alles extrem kompliziert.

Selbstverständlich ist es furchtbar, wenn jemand durch einen Biss verletzt wird, sei es nun reflexartig oder gewollt.

Allerdings kann der Hund in dem Moment, wo er bewusst beißt, leichter und erfolgreicher therapiert werden.

„Preparedness“ – Ein evolutionärer Einfluss?

Der amerikanische Psychologe John Watson, der die psychologische Schule des Behaviorismus begründete, meinte, dass jeder NS gleichermaßen durch Paarung mit einem UCS zu einem CS werden könne.

Die amerikanischen Psychologen John Garcia & Robert A. Koelling widerlegten dies im Jahr 1966: Bei einem Experiment mit Ratten verknüpften diese nur den Geschmacksreiz mit Übelkeit, nicht aber audiovisuelle Reize. Umgekehrt verknüpften sie nur die audiovisuellen Reize mit den durch einen elektrischen Schock verursachten Reaktionen, nicht jedoch den Geschmacksreiz:

CS (wurde vorher mit Wassertrinken gekoppelt)	**UCS**	**Reaktion**
audiovisuelle Reize (Ton+Licht)	**elektrischer Schock**	**Vermeidung** (von Ton+Licht)
audiovisuelle Reize (Ton+Licht)	**Übelkeit** (durch Brechmittel)	**keine Vermeidung**
Geschmacksreiz	**elektrischer Schock**	**keine Vermeidung**
Geschmacksreiz	**Übelkeit** (durch Brechmittel)	**Vermeidung** (von Geschmacksreiz)

Die Verknüpfung zwischen CS und UCS ist also offensichtlich nicht beliebig. CS und UCS müssen zueinander „passen" und nur dann wird auch gelernt. Garcia und Koelling bewiesen, dass bestimmte Reiz-Reaktions-Kombinationen überhaupt nicht konditionierbar sind, andere dafür aber umso besser.

Der amerikanische Psychologe Martin Seligman führte diese bevorzugte Verknüpfung im Jahr 1970 darauf zurück, dass die Ratten im Laufe der evolutionären Geschichte durch „natürliche Selektion" einen Mechanismus ausgebildet haben, der eben diese Verknüpfung begünstigt. Die Ratten zeigen evolutionsbedingt eine gewisse Bereitschaft (Preparedness), ganz spezielle CS mit den durch ganz spezielle UCS ausgelösten Reaktionen zu verknüpfen und dadurch bestimmte konditionierte Reaktionen zu erwerben.
Da Ratten Substanzen wie z. B. Gift schon nach einer einzigen Assoziation mit Übelkeit vermeiden, besitzen sie diesbezüglich ein hohes Maß an Preparedness.
Dieser Mechanismus hat sich, so Seligman, in der Evolution entwickelt, weil er die adaptive Funktion besitzt, das Lebewesen vor Vergiftung, äußeren Bedrohungen, etc. zu schützen.
Das Phänomen der Phobie ist ein eindrucksvoller Beweis für Seligmans Konzept der „Preparedness". Das Zusammenwirken von genetischer Komponente und Lernkomponente wird bei Phobien besonders deutlich. Es gibt bestimmte Tiere, Naturgewalten und Situationen, wie beispielsweise Spinnen (Arachnophobie), Schlangen (Ophidiophobie), Gewitter (Astraphobie) oder tiefe Abgründe (Akrophobie = Höhenangst), die, genetisch bedingt, sehr leicht Ursachen von Phobien sein können. Begründet ist diese Tatsache dadurch, dass sie in unserer Stammgeschichte einst Furchtobjekte waren, vor denen man sich hüten musste, um das Überleben zu sichern.
Andere Dinge, die im Grunde sogar gefährlicher sein können wie z. B. Elektrizität (elektrischer Strom, elektrische Leitungen) oder Autos sind dagegen fast nie Gegenstand einer Phobie, weil wir bei ihnen keine angeborene Bereitschaft diesbezüglich besitzen: Diese Gefahren sind einfach zu neuzeitlich! Dementsprechend müssten diese in einigen Millionen Jahren ebenso ursächlich für Phobien sein. Vorausgesetzt natürlich, es gibt dann überhaupt noch die als Beispiel genannten Autos und elektrischen Leitungen.

Mit dem Hund arbeiten

Ihr Menschen könntet Euch unsere Erziehung erleichtern: Wenn nämlich Ihr uns beibringen würdet, dass wir unseren Lebensunterhalt selbst verdienen müssen. Das bedeutet: Futter soll erarbeitet werden – „learn to earn"! Vieles im Leben gewinnt an Wert, wenn man es nicht im Überfluss und nicht ohne Anstrengung zur Verfügung hat. Die Erarbeitung von Lebenswerten erzwingt eine hohe Leistungsbereitschaft. Außerdem werden wir erfahren, dass es sowohl schön ist, dass es Euch gibt, als auch toll, Euch zu gehorchen!

Ein Mensch sollte mit uns niemals über unsere Konzentrationsfähigkeit hinaus arbeiten. Die ist abhängig von unserem Alter, Ausbildungsstand und Gesundheitszustand. Wenn eine Übung besonders gut gelingt, neigt Ihr Menschen dazu, die Aufgabe sogleich zu wiederholen. Ihr habt eben besonderen Spaß daran, wenn Ihr mit uns erfolgreich arbeitet! Oft wäre es für uns aber besser, genau in diesem Augenblick aufzuhören und das Training mit einem Erfolgserlebnis für Mensch und Hund abzuschließen. Das bringt beiden Freude und verbessert die Laune.

Viele Erziehungsprobleme könnten vermieden werden, wenn Ihr Menschen Euch Gedanken machen würdet, was Ihr mit uns eigentlich erreichen wollt: Wie möchtet Ihr mit uns arbeiten? Was wollt Ihr uns beibringen? Wie könntet Ihr uns belohnen? Wie lange kann sich Euer vierbeiniger Liebling konzentrieren und wie kreativ ist er? In welchem Ausbildungsstadium befindet er sich? Was kann man von ihm verlangen? Wie ist unser und Euer physischer und psychischer Zustand an diesem Arbeitstag? – Dabei solltet Ihr nicht vergessen, dass Euer Hund ein Individuum ist – mit dem Ihr individuell umgehen müsst. Ein Patentrezept für alle Hunde gibt es nicht!

Die Schlüssel zu einer erfolgreichen Hundeerziehung sind ein passend strukturiertes Hundetraining, spezielle Belohnungen, die Art der Erziehung, der Ausbildungsweg und die Trainingsdauer – individuell auf den eigenen Hund abgestimmt. Deshalb: Ich möchte Euch auch im Namen aller meiner Artgenossen besonders ans Herz legen, mit Eurem Hund bei einem kompetenten Tierarzt oder guten Hundetrainer konkreten Rat einzuholen!

Gute Hundeschulen

Kenntnisreiche Hundetrainer sorgen für das Wichtigste: Uns den Spaß am Lernen zu erhalten! Eine positive Belohnung bringt Freude bei der Trainingsarbeit. Übermäßige Anforderungen hingegen erzeugen Stress. Gute Hundeschulen setzen uns dem nicht aus. Jegliche harte Strafen – etwa Schläge und Nackenschüttlung – dürfen ebenso wenig vorkommen wie überlaute, bedrohliche Kommandos und Imponiergesten des Hundetrainers. Er darf sich nicht stets und ständig als „Alpha-Tier" gerieren, darf nicht eigenes Versagen durch lautes Schreien oder gar Gewalt am Tier überdecken und darf sich nicht profilieren wollen.

Nicht nur auf dem Hundeplatz sollte geübt werden, sondern auch an Örtlichkeiten des Alltags, zum Beispiel auf Bahnhöfen und in Einkaufszentren. Das führt bei uns Hunden zu einer Generalisierung und Wesensstärkung.

EINFACHE ÜBUNGEN TEIL II
16x vorwärts und rückwärts ergeben eine Übungseinheit

Eine gute Hundeschule erkennt man bereits an dem dort eventuell geführten Welpenkurs. Hier arbeiten wenige Welpen pro Betreuungsperson zusammen. Diese Person nimmt sich genügend Zeit, um Fragen der jeweiligen Frauchen und Herrchen zu beantworten.

Das Alter der Hunde passt zusammen. Nach der zwanzigsten Lebenswoche kommen wir Hunde in eine Art Rüpelphase und könnten dementsprechend den Kurs stören.

Ein Grundstück mit Struktur, wie liegende Baumstämme, Reifen, Bäche, etc. sollte vorhanden sein. Dort wird theoretischer und praktischer Unterricht durchgeführt. Es wird nicht nur gespielt, auch die Grundkommandos werden kurz geübt.

Spaziergänge, wie zum Beispiel in die Stadt oder zu verschiedenen Tiergehegen, stehen auf dem Programm. Der Trainer muss theoretisches Wissen und Praxiskenntnisse haben, um beispielsweise nicht zu früh bei Konflikten unter den Welpen einzugreifen – und wenn er es tut, dann korrekt. Spielpartner müssen zusammenpassen.

Auf gar keinen Fall darf ein Tier mobben oder gemobbt werden. Eventuell sollte ein erwachsener, welpenerfahrener Hund ab und zu dabei sein, der die kleinen Draufgänger, wenn nötig, in ihre Schranken weist. Ganz wichtig: Frei herumlaufende Welpen machen noch keine Welpenspielstunde!

Auch in Hundeschulen ohne Welpenkurse muss auf jeden Fall feststehen, dass der Hund als Partner angesehen wird und deshalb das Erzeugen von Angst keinen Sinn macht! Man arbeitet mit gewaltfreien Methoden. Besser arbeitet man mit Motivation wie Stimme, Futter und Spiel, um den gewünschten Erfolg zu erlangen! Und der Hundehalter sollte auf jeden Fall mit dabei sein dürfen!

Wir Hunde sollten ebenfalls von dem Alter und den Fähigkeiten her gut zusammen passen. Auch Theorien über Hundeverhalten sowie das korrekte Auftreten mit uns in der Öffentlichkeit sollten hier auf dem Lehrplan stehen.

Sinn und Zweck der Übungen werden immer ausführlich erklärt. Richtiges Reagieren bei Problemen oder Rauferei wird vorab geklärt. Problemhunde werden nicht weggeschickt, sondern besonders intensiv betreut, es sei denn, die Probleme erfordern eine Verhaltenstherapie. Der Hund sowie dessen Frauchen und Herrchen sollen Spaß am Unterricht haben. Es spricht für die Hundeschule, wenn Euer Hund gerne dorthin geht und nicht den Schwanz einklemmt! Besser keine Hundeschule besuchen als eine schlechte!

Behavioristische Lerntheorien und Lernen

Grundannahme behavioristischer Lerntheorien ist, dass Lernen eine beobachtbare Verhaltensänderung darstellt, die als Reaktion auf Umweltreize erfolgt.

Vertreter dieser Lerntheorien sind u.a. Pavlov, Watson, Thorndike und Skinner.

Methode: nur objektiv beobachtbares Verhalten.

Ziel: Ableitung von Gesetzen, welche die Beziehungen zwischen den verschiedenen Reizen (Stimuli), dem Verhalten (Response) und den Konsequenzen (Belohnung, Bestrafung) erklären.

Daraus leiten sich die beiden Paradigmen der behavioristischen Lerntheorie ab:

- klassisches Konditionieren
- operantes Konditionieren

Kritik: Mangelnde Objektivität der Introspektion. In den Modellen der Reiz-Reaktion des Behaviorismus wird keine Rücksicht auf jegliche während des Lernens stattfindenden kognitiven Erkenntnisprozesse oder inneren seelischen Vorgänge wie Ideen, Denken, Wünsche, Motive, Wollen usw. genommen. Die Kategorisierung der Erfahrungen wird außer Acht gelassen. Ein weiterer Kritikpunkt ist, dass sich die geistige Entwicklung nicht ausschließlich über die Sinneserfahrungen ergibt. Nicht immer wird mit dem Entzug des Verstärkers eine Extinktion (Löschung) erzielt: Oftmals unterliegt eine unangepasste bzw. sozial unerwünschte Verhaltensweise einer intrinsischen Kontrolle.

Da hier eher der Aufbau einer Erwartung „erlernt" wird, stellt sich die Frage, ob diese (behavioristische) Auffassung für eine Erklärung des menschlichen und tierischen Lernverhaltens ausreicht.

Das Lernen wird in obligatorisch und fakultativ unterteilt; man kann bewusst und unbewusst lernen. Es gibt viele Lernformen und viele Definitionen über Lernen und man stellt sich die Frage, wie das Lernen anzusehen sei.

Frau Kisker-Block hat im Jahr 2010 in ihrer Diplomarbeit das bewusste Lernen als aktiven, situativen und sozialen Prozess angesehen.

Lernen ist ein aktiver Prozess: Lernen ist nur über die aktive Beteiligung des Lernenden möglich. Dazu gehört, dass der Lernende zum Lernen motiviert ist und dass er an dem, was er tut und wie er es tut, Interesse hat oder entwickelt.

Lernen ist ein situativer Prozess: Lernen erfolgt stets in spezifischen Kontexten, sodass jeder Lernprozess auch als situativ gelten kann.

Lernen ist ein sozialer Prozess: Lernen schließt immer auch soziale Komponenten ein. Zum einem sind der Lernende und all seine Aktivitäten stets soziokulturellen Einflüssen ausgesetzt, zum anderen ist jedes Lernen ein interaktives Geschehen.

Stress, Schäden, Leiden

Was ist Stress? Selye (1936) definierte Stress als Auslöser eines „Allgemeinen-Anpassungs-Syndroms" (AAS) und führte gleichzeitig den Begriff „Stressor" ein. Im Duden wird Stress als „starke körperliche oder seelische Belastung, die zu Schädigungen führen kann" definiert. Wir wissen heute, dass eine Stressreaktion die Gesamtreaktion des Organismus ist, an der die verschiedensten nervösen und hormonellen Vorgänge beteiligt sind. Von Holst (1986) bewies durch seine Untersuchungen an den Spitzhörnchen, den Tupaias, dass zwei Hauptsysteme für die Stressregulation aktiviert werden: System A (Sympathikus-Nebennierenmark-System, die zur Ausschüttung von Noradrenalin und Adrenalin in die Blutbahn führt) und System B (Hypothalamus-Hypophysen-Nebennierenrinden-Achse, das zu einer Ausschüttung von Cortisol und Corticosteron führt, die einer Belastung der ZNS mit Erschöpfung der Neurotransmittern – v. a. Serotonin und Dopamin – verursacht). Dieses System wird auch bei starken oder länger anhaltenden Schmerzen aktiviert.

Man unterscheidet zwischen akutem bzw. aktivem Stress (wo eine höhere Aktivität von System A und kaum eine Beteiligung von System B festgestellt worden ist. Hier wird die Situation kontrolliert und nach Beenden der Belastungen entsteht eine Erholungsphase, die zur Rückkehr in den Ausgangszustand führt) und chronischem Stress, der oft mit passivem Stress einhergeht (System A und B sind sehr aktiv. Kurzfristig entsteht eine Mobilisierung der körpereigenen Reserven zur Anpassung an die Belastung; langfristig entsteht eine Hilflosigkeit mit Kontrollverlust und Bildung von psychischen und physischen Erkrankungen mit schädigenden Effekten, vor allem der Nierenfunktion, und eine Verminderung der Abwehrkraft des Immunsystems). Chronischer psychosozialer Stress beeinträchtigt negativ die kognitiven Fähigkeiten, d. h. die Intelligenz und v. a. die Lernfähigkeiten, aber besonders das Hippocampus-abhängige deklarative Gedächtnis.

Anhand der an den Tupaias gewonnenen Befunde zeigten gestresste Tiere die Gedächtnis- und Lernverschlechterung nicht nur während der Stress-Einwirkung. Selbst nach einer Ruhezeit von zehn Wochen war ihr Erinnerungs- und Lerndefizit hoch signifikant, verglichen mit den sozial ausgeglichen lebenden Artgenossen. Diese Langzeit-Stress-Effekte können nun kaum durch die Glucocorticoide bedingt sein. Deren Werte haben sich lange wieder in den Normbereich bewegt. Es sind andere Mechanismen ursächlich verantwortlich. Man unterscheidet ja, je nach subjektiver Bewertung durch das jeweilige Individuum, zwischen dem so genannten Distress, der negativ erlebt wird, und dem Eustress mit positiver Bewertung. Wie dargelegt, kann Stress kaum vorwiegend relativ statisch als Reiz oder als Reaktion, muss vielmehr dynamisch als Prozess definiert werden (Feddersen-Petersen 2004). Wenn der Zustand eines Tieres dauerhaft zum Negativen verändert ist, spricht man von „Schaden". Der maximale „Schaden" ist der Tod!

Die Definition von Leiden ist vielfältig. Lorz (1987) definiert Leiden als alle im Tierschutzgesetz von dem Begriff des Schmerzes nicht erfassten körperlich oder seelisch empfundenen Unlustgefühle. Das bedeutet unter anderem, dass er die Angst unter Leiden miterfasst. Für das leidende Tier gibt es keine Bewältigungsstrategie, die diesen Zustand des Nicht-Wohlbefindens lindern. Leiden ist eine Destabilisierung von ZNS-Schaltkreisen, dementsprechend führen chronische Angst und depressive Zustände zum Leiden.

Erhebliche Leiden sind Ausdruck eines Zusammenbruchs elementarer neuronaler Organisation (Feddersen-Petersen 2008).

12

Steht zu mir, bitte! – Trennungs- und Aufmerksamkeitsprobleme

Wir leben seit eh und je in der Gruppe (oder im Rudel, wenn die Gruppe eine Hundefamilie ist). Wir sind also, wie anfangs schon erwähnt, „sozial obligat". Es gibt viele andere Tierarten, wie unsere innig geliebten Katzen, die in Freiheit zwar ebenfalls Gruppen bilden, aber auch sehr gut allein leben könnten. Hauskatzen können ebenfalls sozial leben, aber in anderer Ausprägung und mit „solitären Tendenzen", sie sind also sicherlich nicht „sozial obligat".

Wir Hunde verbinden das Alleinsein mit einem extrem negativen Gefühl. Allein fühlen wir uns unglücklich. Durch dieses Gefühl können verschiedene Verhaltensmuster entstehen, so zum Beispiel „Trennungsangst". Das ist ein Sammelbegriff für eine Reihe von Verhaltensweisen, die wir in bestimmten Situationen zeigen können, wenn wir mit dem Alleinsein nicht umgehen können. Wenn wir Hunde durch Isolation oder Wegsperren allein bleiben, sind wir besonders motiviert, den sozialen Kontakt wieder herzustellen. Unter solchen Umständen entwickeln wir dann unterschiedliches Stressverhalten wie Heulen, Bellen, Winseln, Unsauberkeit oder Zerstörungswut. Einige von uns verfallen in eine tiefe Depression. Keine Möglichkeit zur angemessenen Stressbewältigung oder Flucht und eine große Erregung begünstigen die Entstehung solcher

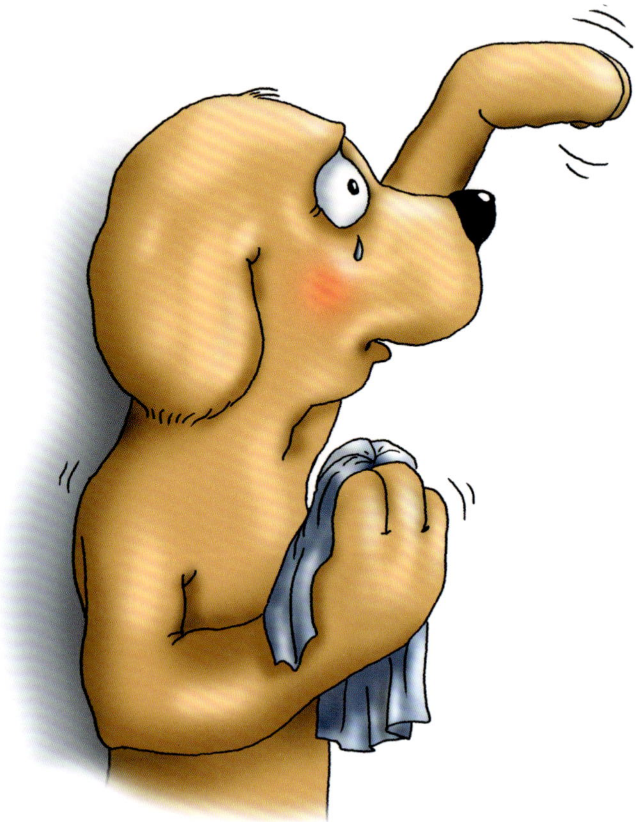

Probleme. Ebenso rassebedingte, genetische Vorgaben und die späteren Lernerfahrungen können die Intensität der Trennungsangstreaktionen stark beeinflussen. Eine spezifische Ursache für das Entstehen von Trennungsangst konnte wissenschaftlich noch nicht einwandfrei ausgemacht werden. Sicherlich spielen unsere soziale Natur und unsere emotionale Bindung zu Euch Menschen bei der Entwicklung von Trennungsangst eine wichtige Rolle.

Typische, Trennungsangst fördernde Faktoren können sein: Eine Trennung von der Mutter vor der achten Lebenswoche, andere Trennungsereignisse während der Sozialisations- oder Habituationsphase, ein Besitzerwechsel, ein Tierheim- oder Pensionsaufenthalt, ein Orts- oder Wohnungswechsel mit neuer Umgebung, neue Einrichtungsgegenstände. Ebenso Krankheiten, andere traumatische Einflüsse oder eine zu starke Besitzerbindung.

Männliche Artgenossen scheinen eher zu Trennungsangst zu neigen als weibliche. Nicht umsonst sagt man ja auch bei Euch Menschen „Mamasöhnchen“ und nicht „Mamatöchterchen“, oder? Bei uns spielt jedoch das Alter keine Rolle und auch die Dauer der Trennungsangst kann sehr unterschiedlich sein. Manche von uns zeigen bereits ab dem Welpenalter die ersten Symptome, bei anderen beginnen die

Trennungsprobleme erst später, wenn andere, begünstigende Faktoren hinzukommen. Und einige meiner Freunde werden Trennungsängste ohne Hilfe lebenslang nicht mehr los.

Falls Ihr den Verdacht haben solltet, Euer Liebling könnte unter Trennungsangst leiden: Bitte sofort das Problem durch eine Fachperson abklären lassen! Denn leider neigen wir dazu, uns in solche Verhaltensweisen ziemlich schnell weiter hineinzusteigern. Da Ihr aber, während wir eventuell solches Verhalten zeigen, in der Regel nicht einmal zu Hause seid, könnten Video- oder Tonbandaufzeichnungen hilfreich sein, um unser Verhalten zu dokumentieren.

Für Hilfe sorgen

Sollten wir tatsächlich an Trennungsangst leiden, freuen wir uns ebenso wie Ihr darüber, wenn Fachleute uns kompetent helfen. Hier kommen Haltungsmanagement und Verhaltenstherapie mit unterstützender medikamentöser Therapie in Betracht. Einige Grundregeln kann ich Euch nennen: Bevor Ihr das Haus verlasst, beachtet uns für etwa 15 bis 30 Minuten nicht mehr und veranstaltet vor allem keine „Verabschiedungszeremonien“! Sobald Ihr nach Hause zurückkehrt, ignoriert uns bitte erneut – und zwar so lange, bis wir wieder ganz ruhig und entspannt sind. Erst

dann begrüßt uns! Ab diesem Moment könnt Ihr auch eine Beschäftigung für uns initiieren. Bitte nicht tadeln für destruktives Verhalten – etwa, weil wir vielleicht im Haus Kot oder Urin abgesetzt haben! Außerdem solltet Ihr solche Verschmutzungen nicht vor unseren Augen reinigen. All diese Handlungen würden nur zu Missverständnissen zwischen uns führen. Grundsätzlich solltet Ihr Euch nur mit uns beschäftigen, wenn IHR es gerade wollt und wir gerade ganz entspannt sind.

Vorbeugen

Wir Hunde müssen rechtzeitig lernen, mit der Situation „Alleinesein“ umzugehen. Gewöhnt uns deshalb bitte langsam ans Alleinbleiben und steigert nach und nach die Trennungsdauer. Da wir durch Eure ritualisierten Handlungen (wie Mantel und Schuhe anziehen, die Tasche mitnehmen, Euch von uns verabschieden) häufig bereits früh Euren Abgang mitbekommen, solltet Ihr lernen, uns zu überraschen. Zieht Euren Mantel auch einmal zwischendurch an oder spielt mit Eurem Schlüssel – auch wenn Ihr nicht das Haus verlassen wollt. Damit verwirrt Ihr uns, sodass wir uns nicht schon im Vorfelde aufregen, wenn Ihr tatsächlich weggeht.

Vorbeugen, finde ich, ist besser als Heilen. Wichtig sind: Eine gute Sozialisation und Habituation, ein Alleinebleib-Training mit dem Welpen von Anfang an, ein geeignetes Haltungsmanagement, Konsequenz in der Erziehung, eine klare Rangordnung und nicht zuletzt außer der Ignoranz die Vermeidung von Bestrafungen. Jeder von uns sollte sowieso einen festen Platz in der Wohnung haben, damit wir die Möglichkeit haben, uns zurückzuziehen. Auch wir benötigen von Zeit zu Zeit ein bisschen Privatsphäre. Dafür wäre eine feste Ecke eines Raumes von großem Nutzen. Auch Ihr benötigt gelegentlich eine Rückzugsmöglichkeit, um zu entspannen. Genau wie Ihr genießen wir solch eine Oase der Ruhe. Dort müssen wir uns geborgen und sicher fühlen. Dieser Ort darf niemals von Euch zu unserer Bestrafung genutzt werden.

Ein zweiter Hund als Lösung?

Viele Menschen meinen, dass das Anschaffen eines zweiten Hundes alle Trennungsprobleme lösen würde. Aus Eurer Sicht mag das auch logisch klingen, weil wir ja durch einen Partner nie allein bleiben müssen. In einigen Fällen funktioniert es auch tatsächlich, in den meisten allerdings leider nicht. Es interessiert uns oft gar nicht, dass ein Artgenosse oder andere Tierarten anwesend sind, während Ihr weggeht. Für die von uns, die heftig unter solchen Trennungsproblemen leiden, scheint Eure Rolle von nichts und niemandem ersetzbar zu sein. Wenn Ihr nicht dabei seid, fühlen wir uns verloren, egal, wer noch anwesend ist.

Es können auch durch die Anschaffung eines zweiten Hundes weitere Probleme entstehen, besonders, wenn zwischen den zwei Hunden nur ein geringer Rangunterschied besteht! Hier ist wichtig, dass die Ränge bzw. Handlungsspielräume zwischen Hunden und zwischen Menschen und jedem einzelnen Hund gefestigt wird. Bitte macht nicht den gleichen irreparablen Fehler, wie das Herrchen und Frauchen von Eolo und Arpia (siehe Kapitel 8). In diesem Fall muss der ranghöhere Hund immer bevorzugt werden! Die Natur kennt keinen Trost. Unser Gehirn kann Eure Ethik und Moral einfach nicht verstehen. Für uns ist es total irreführend, wenn Ihr gegen das Naturgesetz für den Rangniedrigeren plädiert.

Dazu kommt noch, dass zwei Hunde bereits ein kleines Rudel bilden. Wir orientieren uns aneinander und können zusammen auch sehr selbständig und ungehorsam sein. Deshalb benötigen wir ein intensives Gehorsamkeitstraining, welches ein jeder von uns allein mit Euch durchlaufen muss. Um Gefahren zu vermeiden, sollten wir während eines Spazierganges am besten nur abwechselnd frei laufen gelassen werden und nur der Freilaufende von uns darf mit fremden Artgenossen Kontakt aufnehmen. Die einzige Voraussetzung, um uns beide gleichzeitig von der Leine zu lassen ist: Ein gut funktionierender Gehorsam beider Hunde!

Wenn wir Aufmerksamkeit fordern

Ein anderes, durch unsere sozial obligate Natur bedingtes Verhalten nennt man „Aufmerksamkeit erheischend". Unter diesem Begriff fasst man alle Verhaltensweisen zusammen, die einen Sozialpartner auf uns aufmerksam machen sollen. Wird dieses Aufmerksamkeit suchende Verhalten jedoch so übermäßig, dass der normale Lebensablauf zwischen den Sozialpartnern gestört wird, spricht man von einem „Aufmerksamkeit erheischenden Verhaltensproblem"; Verhaltenskundlern bekannt als „Attention seeking behaviour". Häufig besteht ein enger Zusammenhang zwischen übermäßig Aufmerksamkeit erheischendem Verhalten und Angstproblemen.

Wir Hunde können solch ein Verhalten sowohl passiv als auch aktiv äußern. Passiv zeigen wir dieses Verhalten, indem wir uns beispielsweise mit dem Körper an Euch drängen. Dabei ist es egal, ob wir stehen, sitzen oder liegen. Die aktive Form kann unterschiedlich aus-

sehen. Beispielsweise bringen wir Euch ständig Spielzeuge, verweigern oder erbrechen unser Futter, springen Euch an, winseln, bellen, zerren an Eurer Kleidung, kauen in Eurer Gegenwart ständig auf irgendetwas herum, stupsen Euch mit der Nase oder Pfote an, wenn Ihr uns nicht beachtet, graben auf dem Boden, jagen unseren eigenen Schwanz oder rennen im Kreis. Mit anderen Worten: Wir versuchen eben alles, was Eure Aufmerksamkeit wecken könnte!

Vom Versuch zum Problem

Wenn Ihr uns in unseren Versuchen bestärkt, können sich diese Verhaltensmuster zu einem Verhaltensproblem entwickeln. Und leider tut Ihr das auch sehr häufig, wenn auch unbeabsichtigt. Je nerviger eine unserer Verhaltensweisen ist, umso eher führt sie meist zum Erfolg: Eurer ungeteilten Aufmerksamkeit. Egal, ob Ihr uns in diesem Moment lobt oder beschimpft, ob Ihr positiv oder negativ reagiert – die Hauptsache für uns ist: Ihr habt reagiert! Ich möchte Euch das an einem menschlichen Beispiel verdeutlichen: Stellt Euch vor, Ihr würdet einen Brief an eine für Euch sehr wichtige Person schreiben, beispielsweise an den Bundeskanzler. Ob Ihr ihn in diesem Brief lobt oder beschimpft, spielt hier keine Rolle, wichtig ist: Ihr hofft bereits im Vorwege, dass der Kanzler antworten wird! Ob er Euch in seinem Antwortschreiben lobt oder beschimpft, ist ebenfalls weniger wichtig – Hauptsache, der Regierungschef hat Euch geschrieben! Ein herrliches Erfolgserlebnis für Euch, denn eine solch mächtige Person hat ihre Zeit dafür geopfert, Euch Aufmerksamkeit zu gewähren, sich zu Euch herab zu lassen! – Für uns Haushunde seid Ihr Menschen die wichtigsten Sozialpartner, die wir uns vorstellen können. Sogar noch sehr viel wichtiger als für Euch der Bundeskanzler. Ihr seid letztendlich unsere oberste Macht und nicht von diesem Rang abzuwählen. Wir sind von Euch vollkommen abhängig.

Euer ständiges, meist hektisches Verstärken unseres Aufmerksamkeit erheischenden Verhaltens kann im schlimmsten Fall die Grenze zur Selbstbelohnung überschreiten und die Entwicklung einer Stereotypie begünstigen. Die Therapiemaßnahmen müssen in solchen Fällen sehr feinfühlig und individuell gewählt werden. Sie sind so umfassend, dass sie nur mit fachlicher Hilfe durchgeführt werden sollten. Das Ignorieren allein reicht hier bei weitem nicht mehr aus, vielmehr kann es die Lage eventuell noch verschlimmern. Ignoranz muss bei solch fortgeschrittenen Problemen eine dosierte Anwendung finden. Bei einigen von uns darf man am Anfang nur mit wenigen Situationen beginnen, in denen das für Euch unerwünschte Verhalten ignoriert wird. Sonst überfordert Ihr uns und stresst uns noch mehr. In dieser Zeit sollte jede Konfliktsituation vermieden und unsere Beziehung mit einer exakten Kommunikation ganz neu wieder aufgebaut werden.

Verstehen mit Geduld

„Steht zu mir“ heißt dieses Kapitel nicht ohne Grund. Probleme, die durch Trennungsangst oder Aufmerksamkeit heischendes Verhalten entstehen, sind nur zwei wichtige Beispiele für eine Reihe anderer Probleme, die wir uns gegenseitig in unserem täglichen Zusammenleben bescheren können. Meine Artgenossen und ich brauchen stets Eure Geduld und den guten Vorsatz, uns verstehen zu wollen. Denn umgekehrt können wir das leider nicht.

Also: „Steht zu uns“ und gebt Euch Mühe,zu verstehen, wie wir denken und wie wir strukturiert sind. Das ist Eure beste und einzige akzeptable Möglichkeit, uns zu helfen, mit Euch in Eurer Welt zurechtzukommen.

13

Auch in mir steckt ein Jäger –

Jagd und Jagdhunde

Hunde und Menschen, Menschen und Hunde. Der ursprüngliche Grund für die Entwicklung unserer guten Beziehung zueinander war die Jagd! Sie hat unsere Symbiose jahrtausendelang verstärkt. Im Laufe der Zeit kamen noch andere Dienste hinzu, die wir für die Menschen verrichteten. Wir waren zuständig, unsere Menschen zu beschützen und ihre Besitztümer zu bewachen, doch am wichtigsten blieb immer die gemeinsame Jagd. Als Folge der Zivilisierung und der Viehzucht wurde die dann für Euch Menschen stetig bedeutungsloser. Uns Hunden aber wird sie immer „im Blut liegen". Wir möchten von Viehzucht, Zivilisation oder gar Supermärkten nichts wissen. Wir möchten auch in Zukunft am liebsten unsere Beute selbst erlegen – oder es wenigstens manchmal versuchen.

Warum wir jagen

Deshalb möchte ich Euch unser Jagdverhalten etwas detaillierter erklären. Das Jagdverhalten ist genetisch fixiert und gehört deshalb zu unseren natürlichen Verhaltensweisen. Es dient zwar dem Nahrungserwerb, wird aber unabhängig von Hungergefühlen ausgelöst. Häufigster Auslöser sind schnelle Bewegungen. Wir brauchen wirklich nicht viel zu lernen, um zu wissen, dass alles, was flüchtet, eine potenzielle Beute ist. Das ist reine Instinktsache. Andere Auslöser, zum Beispiel ein interessanter Geruch, unterliegen dagegen einer stärkeren Lernkomponente. Also nicht nur Wild, sondern auch Jogger, Radfahrer, Kinder, Artgenossen, Autos und andere Haustiere können, wenn wir sie als Beute betrachten, mächtig Jagd-Freude bringen. Vielleicht ist das der Grund, warum viele Menschen irrtümlich glauben, dass das Jagdverhalten eine Form der Aggressivität sei. Und vielleicht deshalb wird unser Jagdverhalten häufig in der Verhaltenstherapie als Problem behandelt. Das Jagdverhalten hat jedoch nichts mit Aggressivität zu tun. Aggressives Verhalten dient der Vergrößerung beziehungsweise Wahrung von Distanz. Das Jagdverhalten hingegen hat zum Ziel, eine Distanz zu verringern, um die Beute zu fassen und zu töten. Beim Jagdverhalten kommt es zudem zu keinerlei Kommunikation zur gegenseitigen Verständigung. Es wurden neurophysiologische Unterschiede nachgewiesen. Suchen und Folgen, Erstarren, Fixieren, Lauern, Anschleichen, Hetzen, Angreifen wie Packen und Töten sind bei der Jagd auftretende Verhaltensweisen. Und alles, was mit dem Jagen zu tun hat, bringt uns riesig Spaß! Weniger Spaß dagegen macht uns, dass Ihr Menschen uns das Jagen meistens verbietet. Und das ohne jegliche Vorwarnung.

Jagdlust erkennen

Die ersten Anzeichen für eine bevorstehende Jagd – intensives Schnüffeln am Boden, Luftwittern, eine genaue Beobachtung der Umgebung oder das Fixieren eines Objektes – werden leider häufig von Euch Menschen nicht als Jagdverhalten erkannt und nicht weiter beachtet. Darum sind wir Hunde dann so überrascht, wenn wir plötzlich festgehalten, beschimpft, angeschrien oder manchmal für unser natürliches Bedürfnis gar gezüchtigt werden, wo doch der Spaß erst richtig losgehen soll.

Der lustige Gilbert, ein Rauhaardackel, kennt nichts Schöneres, als bei jedem Spaziergang mit der Nase auf dem Boden zu „kleben". Da seine Ahnen jahrhundertelang die Höfe frei von Ratten und Mäusen hielten, hat auch er noch das starke Bedürfnis nach Niederjagd im Blut. Sein Herrchen war immer froh, dass er sich bei jedem Spaziergang so gut allein beschäftigen konnte, ohne zu nerven. Eines Tages erwischte Gilbert dann ein unvorsichtiges Kaninchen. Das Hinterherjagen und die paar Haare des Kaninchenfelles, die er als Trophäe mit zurück brachte, waren für ihn das Schönste in seinem ansonsten so langweiligen Stadtleben.

Ab diesem Zeitpunkt lebte der kastrierte Gilbert fast nur noch, um dieses Glückserlebnis zu wiederholen. Er wollte ständig aus der Wohnung hinaus. Bei jedem Spaziergang gab es nur noch ein Ziel: Ein Kaninchen zu jagen. Egal, wie laut und oft sein Herrchen nach ihm rief – hatte er erst einmal eine Kaninchenfährte gerochen, war er nicht mehr zu bremsen! Auch Beschimpfungen und Strafen, mit denen sein Herrchen den Dackel überzog, konnten nichts ändern. Für den kurzen Augenblick des Jagdgenusses hätte Gilbert alles akzeptiert, wirklich alles!

Gilberts Herrchen war mit den Nerven am Ende und wandte sich an einen „Hundeexperten“, der damit warb, Erfahrung in der Korrektur solch „schwieriger Hunde“ zu haben. Leider konnte aber auch das sehr umstrittene Elektrohalsband Gilbert nicht vom Jagen abhalten und seitdem darf er nur noch kurz angeleint spazieren gehen. Und weil er deshalb verständlicherweise frustriert und schlecht gelaunt ist, kam auch noch ein Maulkorb dazu. Armer Dackel! Und dabei wäre es doch auch möglich gewesen, bei einem echten Hundeexperten, zum Beispiel einem Tierarzt mit Zusatzbezeichnung Verhaltenstherapie, Gilberts Jagdproblem mit sanften Methoden beizukommen. Ehrlich! Nur ein wenig Konsequenz und Geduld gehören dazu. Und vielleicht ein-, zweimal auf das Essen beim Italiener verzichten, um das Geld für eine wirklich gute Fachperson übrig zu haben. Aber das sollten wir Euch doch wert sein, oder?

Allerdings müsst Ihr schon bereit sein, auch ein wenig mehr Mühe zu investieren als nur das Drücken auf die Fernbedienung eines speziellen Halsbandes. Jagdversessene Hunde wie Gilbert kann man nämlich auch prima auf andere Ideen bringen, indem man ihnen auf dem Spaziergang eine andere Beschäftigung bietet, die ihnen viel Spaß macht. Oder dauernd Blickkontakt zu ihnen hält und sie damit sozusagen an einer unsichtbaren Leine festhält. Das heißt für Herrchen oder Frauchen, dass sie zumindest am Anfang wachsam sein müssen wie ein Schießhund – sonst ist alle Mühe für die Katz. Aber welche Methode für welchen Hund die beste und richtige ist, kann man leider nicht einfach in einem Buch empfehlen – denn jeder Hund ist anders, genau wie jeder Mensch! Deshalb ist es so wichtig, einen guten Verhaltenstherapeuten zu finden, der dabei hilft und die richtige Anleitung gibt.

Wann uns die Jagdlust packt

Wann ein Hund ein erstes Jagdverhalten zeigt, ist individuell verschieden. Es kann bereits im Alter von einigen Monaten, aber auch erst nach dem zweiten oder sogar dritten Lebensjahr auftreten. Grundsätzlich werden alle Lebewesen, die in der Sozialisationsphase als „Sozialpartner" kennen gelernt wurden, auch später nicht mehr als mögliche Beute angesehen. Hier spielt der Kontext, in welchem wir diese kennengelernt haben, eine wichtige Rolle. Als die Labradorhündin Lola im Alter von neun Wochen zu ihrer neuen Familie kam, traf sie dort auf die schon seit einem Jahr als Prinzessin gehaltene Katze Gigia. Da es schon tiefster Herbst war, konnte Lola Gigia nur als Sozialpartner in dem Kontext „Haus" assoziieren. Sehr bald waren Lola und Gigia dicke Freundinnen geworden, sie teilten Korb und den Wassernapf, sie spielten und schmusten ständig miteinander. Sobald aber Lola Gigia im Garten sah, fing sie sofort an, die Katze wie eine gewöhnliche Beute zu jagen. Gigia hatte am Anfang riesige Probleme, sich an diese Situation anzupassen. Sie konnte die Probleme von Lola nicht verstehen, die bisher noch nicht die Möglichkeit gehabt hatte, sich mit einer Katze in dem Kontext „Garten" zu sozialisieren. Gigia wurde in Lolas Gehirn plötzlich von der besten Freundin zu Beute.

Bei der Begegnung mit Wildtieren reicht die Sozialisation häufig jedoch nicht aus. Die Ursachen eines mehr oder weniger ausgeprägten Jagdverhaltens sind unterschiedlich. Eine genetische Komponente, wie bei Gilbert, spielt dabei eine sehr wichtige Rolle. Aber auch eine unzureichende geistige Auslastung oder Langeweile bei zu geringer Beschäftigung auf Spaziergängen können unseren Jagdinstinkt wecken. Ein Mangel an Kontrolle durch unzureichenden Gehorsam macht uns die Jagdaktivität natürlich auch leichter. Die positive Erfahrung der Jagd merken wir uns gut. Wir lernen durch Erfolg und besonders gern auch durch „Abgucken" bei anderen Hunden. Unser Jagdverhalten wird bereits im Welpenalter verstärkt, wenn Ihr Menschen beim Spielen mit uns Kleinen das Jagdverhalten zulasst. Auch später fügt Ihr Menschen Euren Teil dazu bei, indem Ihr häufig falsch reagiert, wenn uns das Jagdfieber packt.

Jagdlust mindern

Es ist leichter, aus uns einen Jäger zu machen, als einem Hund das Jagen abzugewöhnen. In Deutschland gibt es etwa 400.000 Jäger und zirka 60.000 geprüfte Jagdhunde. Dennoch fühlen sich fast alle meine Artgenossen, auch ohne eine bestandene Jagdprüfung, als die geborenen Jäger. Ganz ähnlich Euren Autofahrern: Ein „Original-Schumi" auf der Rennstrecke, Millionen selbsternannter auf den Autobahnen ...

Was könnt Ihr also tun, damit wir Hunde nicht so jagdversessen sind? Tja, einfach ist das wirklich nicht. Für uns gehört das Jagen häufig zu den wichtigsten Beschäftigungen überhaupt. Man kann es einfach nicht ganz aus unserem Kopf löschen, aber zumindest kontrollieren. Ich würde an Eurer Stelle die Jagdlust einzudämmen versuchen, indem Ihr brenzlige Situationen meidet. Ihr müsstet beispielsweise den Hund in wildreichen Gebieten an die Leine nehmen, nicht in der Dämmerung und vor allem nicht mit Artgenossen gehen, die selbst ein Jagdproblem haben.

Auch Euer Verhalten ist für uns sehr wichtig. Wenn Ihr ein auffälliges Suchverhalten zeigt – zum Beispiel angestrengt beobachtet, ob es in einem Waldstück Wild geben könnte – denken wir sofort: „Super! Die Jagd fängt an!". Ihr müsst lernen, unser verstecktes Jagdverhalten zu erkennen. Das intensive Schnüffeln am Boden kann für uns schon eine Art Jagdausübung sein. Wenn Ihr Euch während des Spazierganges mit jemandem ins Gespräch vertieft und stehen bleibt, ohne auf uns zu achten, so werten wir das als Erlaubnis, uns allein beschäftigen zu dürfen. Und was gibt es Schöneres, als frei zu jagen? Das „Anschauen" üben hält uns von Jagdgedanken ab. Sollte einer von uns doch plötzlich etwas jagen, so ruft uns bitte nicht hinterher! (Es sei denn, Ihr Hund pariert aufs Wort.) Ihr würdet damit das Jagdverhalten noch verstärken. Ebenso solltet Ihr nicht „beruhigend" auf uns einreden, um unsere Aufregung zu mindern. Wenn Ihr das Wildtier vor mir entdeckt, mich bitte nicht in „hektischem" Tonfall oder mit einem „bestimmten Wort" ansprechen! Das würde meine Aufregung nur noch steigern und eventuell als Jagdkommando interpretiert.

Frau Dr. Esther Schalke schrieb zu diesem Thema ganz passend: „Ein gänzliches Vermeiden vom Jagen ist nicht möglich, daher sollte es auf ein bestimmtes Beuteobjekt gelenkt werden. Die Beute muss durch den Besitzer kontrollierbar sein". Dafür eignet sich beispielsweise etwas wie ein „Bringsel". Wer schon an einer „Beute" kaut, wird kaum etwas anderes suchen und packen wollen.

Außerdem empfehle ich für den Not-Stopp, uns einen ganz speziellen Pfiff oder Befehl beizubringen.

Aber auch das solltet Ihr Euch von einem Fachmann wirklich gut zeigen lassen, damit Ihr uns nicht aus Versehen mit diesem Befehl das Gegenteil beibringt – nämlich den Aufbruch zur Jagd!

14

Für meinen Menschen bin ich diensteifrig –

Diensthunde und ihre Spezialisierung

Im Laufe der Jahrtausende ist die Hund-Mensch-Beziehung immer fester und vor allem spezialisierter geworden. Aus der ursprünglichen Jagdhilfe wurden für uns Spezialeinsätze für den Menschen. Wir können beispielsweise etwa Rettungshunde, Polizeihunde, Wachhunde, Blindenhunde, Behindertenbegleit- oder Schutzhunde werden.

Eine sehr interessante Diensthundrasse stellt der Labradoodle dar. Im Jahr 1989 begann Wally Conron aus Kew in Australien damit, einige von uns aus der Rasse Labrador Retriever mit anderen aus der Rasse Großpudel zu kreuzen. Ziel dieser Kreuzung war es, einen Führhund für blinde Menschen zu schaffen, die allergisch gegen Hundehaare sind. Leider hat sich das Pudelmerkmal des fehlenden Fellwechsels nicht einhundertprozentig durchgesetzt, so dass sehr wenige Exemplare dieser Rasse doch leicht haaren. Was das Wesen und die Gesundheit angeht, scheint es sich aber hier um eine sehr gelungene Kombination zu handeln.

Viele Menschen haben nicht einmal hinterfragt, warum wir Hunde eigentlich so gut dafür geeignet sind. Warum nimmt man nicht eine Katze, eine Kuh oder gar ein Pferd? Nein, die Menschen sind und bleiben für uns Hunde die

besten Freunde! Dass dann wir Hunde auch für Euch Menschen die besten Freunde sind, bezweifele ich allmählich… aber das ist eine andere Geschichte.

Tatsache ist, dass wir Euch Menschen unser „tierisches Talent" gern zur Verfügung stellen. Denn letztlich gibt es in der gesamten Tierwelt keine zwei anderen höher entwickelten, verschiedenen Spezies wie Euch und uns, die sich so gut verstehen.

Die Gemeinsamkeiten in unserem Leben, zum Beispiel das Sozialverhalten, allgemeine Interessen, anatomische Besonderheiten, führen zu dieser besonderen Symbiose. Verlangt doch bitte einmal unsere Aufgaben einem Schaf oder einem Schwein ab, das sogar besser riechen kann als ein Hund! – Allein anatomisch gibt es bei den beiden schon mehrere Nachteile.

Guckt den Beiden doch einmal in die Augen und versucht, mit ihnen zu kommunizieren! Versucht einmal, einem Schwein beizubringen, auf verschiedenen Untergründen zu laufen, um zum Beispiel Lawinen- oder Erdbebenopfer zu suchen! Ich wäre interessiert an dem Ergebnis. Nein, wir Hunde werden für Euch die begabtesten und unentbehrlichen tierischen Freunde und Helfer bleiben.

Unsere Nase ist grandios

Apropos Riechen: Um riechen zu können, benötigt man Riechzellen. Die befinden sich in der Riechschleimhaut. Im Gehirn gibt es besondere Rezeptoren, die diese Riechimpulse verarbeiten können, damit ein Geruch auch wahrnehmbar wird. Ein Mensch besitzt etwa 5 Quadratzentimeter Riechschleimhaut, ein Hund der Rasse Dackel etwa 75 Quadratzentimeter, ein Deutscher Schäferhund etwa 150. Dementsprechend besitzt ein Mensch etwa 5 bis 20 Millionen Riechzellen, ein Dackel etwa 125 Millionen und ein Deutscher Schäferhund etwa 210 Millionen. Hinzu kommt, dass wir Hunde sozusagen ein richtiges „Riechhirn" haben: Unser Allocortex ist sehr groß. Der Allocortex ist ein Gehirnareal, welches zuständig für Erkennen, Interpretation sowie Speichern von Geruchseindrücken ist. Wir sind also wahre „Riechmaschinen", und es gibt nur wenige andere Tierarten, zum Beispiel Aale und Schweine, die besser riechen können als wir.

Ihr könnt Euch das in etwa so vorstellen: Wenn beispielsweise jemand von Euch einen Eintopf kocht und ich und mein Herr kommen in die Wohnung, so riecht er wahrscheinlich so eben den Knoblauch, ich aber könnte euch jede einzelne Zutat aufzählen. Diese spezielle Fähigkeit von uns wird zum Beispiel gern von der Polizei und von den Zollämtern genutzt. Ein Rauschgiftspürhund hat nicht die Zeit, ein Jahr lang auf Kokain, zwei Jahre auf Heroin und ein Jahr auf Cannabis trainiert zu werden. Gar so alt werden wir ja schließlich auch wieder nicht. Also, der Kollege übt selbstverständlich lebenslang, aber schon nach einem Jahr Ausbildung kann er bereits sehr erfolgreich im Dienst sein, da er mit allen Stoffen gleichzeitig zu arbeiten lernt. Es genügt schon, dass ein Mensch oder Gegenstand nur einen Hauch dieser Gerüche an sich hat, um von meinem Artgenossen entlarvt zu werden.

Tausende leisten Dienste

In Deutschland gibt es sehr viele amtliche Diensthunde. Sie gehören zum Beispiel der Polizei, dem Zoll und der Bundeswehr. Diensthunde können unterteilt werden in:

- Spürhunde,
  die Personen und Sachen suchen,
- Rauschgiftspürhunde,
  die Betäubungsmittel suchen,
- Sprengstoffspürhunde
  für Sprengstoff, Waffen und Munition,
- Leichenspürhunde
  für Leichen, Leichenteile und Blut,
- Brandmittelspürhunde,
  die Brandbeschleuniger suchen.

Über den Geruchssinn kann ich Euch eine lustige, aber auch traurige Geschichte erzählen. Sie handelt von Gülli. Gülli ist ein türkischer Karabasrüde. Er gab drei Jahre lang bei unserem wöchentlichen Rüdentreffen gern damit an, dass seine Mitbewohnerin Lüghliü, eine 40 cm hohe Strandpromenadenmischung, zweimal pro Jahr läufig wurde. Da er immer der Erste war, der diesen verlockenden Geruch mitbekam, konnte er vor allen anderen und angeblich wochenlang seinen Spaß haben. Er erzählte solch anstößige Geschichten, dass sie denen Eurer Männer bei ihren Kneipenbesuchen wohl in nichts nachstanden.

Eines Tages lief Gülli gerade mit voller Geschwindigkeit einem Trecker nach, als dieser einen großen Holzklotz von seinem Anhänger verlor. Er traf Gülli direkt am Kopf. Man kann von Glück reden, dass er überlebte. Doch seit diesem Unfall ist er nicht mehr derselbe, er bekommt kaum noch etwas mit, nicht einmal Lüghliüs Läufigkeiten. Er wundert sich nun nur stets, dass Lüghliü trotzdem regelmäßig Welpen bekommt, die auch noch Ähnlichkeit mit seinen Kollegen haben. Sein Riechverbindungsorgan zwischen Nase und Gehirn, der

„Bulbus olfaktorius“, wurde bei dem Unfall irreparabel unterbrochen. Er kann seitdem nichts mehr riechen. Übrigens, unter uns: An seinen prahlerischen Geschichten über Lüghliü ist viel Wahres gewesen.

Zum Leidwesen aller anderen Rüden wurde die Hündin jedoch kurze Zeit später aus Tierschutzgründen kastriert.

Außer amtlichen Diensthunden gibt es auch viele in gemeinnützigen Hilfsorganisationen. Eine Gruppe davon sind die Rettungshunde. In Deutschland unterteilt man sie je nach Einsatzbereich in Flächensuch-, Trümmersuch-, Lawinensuch- und Wassersuchhunde. Diese Hunde dienen meist der Suche verunglückter und vermisster Menschen.

Warum wir Unterschiede riechen

Aber wie kommt es eigentlich, dass ein Mensch Geruchsspuren hinterlässt, die wir für unsere Sucharbeit brauchen? Bei Euch Menschen gibt es hinsichtlich Eurer Körpergerüche übrigens ähnliche Rassenunterschiede wie bei uns. Ein Beispiel: Während das Ohrenschmalz von Europäern und Afrikanern meist gelbbraun und klebrig ist, haben in Ostasien viele Menschen ein trockenes, graues Ohrenschmalz, das an Staub erinnert. In vielen Ausdünstungen nehmen unsere feinen Nasen Unterschiede zum Beispiel zwischen Europäern, Afrikanern und Asiaten wahr. Auch innerhalb einer Menschenrasse gibt es Unterschiede: Der Körpergeruch eines Menschen ist abhängig von Erbanlage, Ernährung, Hygiene und dem Stress, dem man ausgesetzt ist. Der Individualgeruch ist ein unabänderlicher Restgeruch, den ein Mensch ausscheidet. Individualgeruch darf nicht mit dem Körpergeruch einer Person verwechselt werden. Der Körpergeruch kann abgewaschen oder überdeckt werden, während das beim Individualgeruch nicht gelingt.

Wie Geruch transportiert wird

Die Erneuerung der Hautpartikel erklärt, wie sich individuelle Gerüche in der Luft halten, die wir verfolgen können: Der menschliche Körper besteht aus einer immensen Anzahl individueller Zellen. Diese Zellen sterben kontinuierlich ab und werden durch neue ersetzt. Bei jedem Menschen sterben pro Minute etwa 50 Millionen Zellen, die vom Körper abfallen. Bakterien zersetzen die toten Zellen und produzieren dabei Gas. Der Gasgeruch ist für uns Hunde so spezifisch wie ein Fingerabdruck für die Polizei. Viele Faktoren beeinflussen die Geruchsspur. Der Wind trägt die Hautpartikel von der hinterlassenen Spur in Windrichtung davon. Die Temperatur beeinflusst die Geschwindigkeit der bakteriellen Zersetzung. Sowohl extrem hohe als auch niedrige Temperaturen bremsen die bakterielle Aktivität. Leichter Regen verstärkt die Geruchsspur, da Feuchtigkeit das bakterielle Wachstum fördert. Bei einer frischen Fährte ist die Geruchsspur noch schwach und unterschiedlich ausgeprägt, wird aber mit der Zeit stärker. – Den besten „Riecher" von uns hat der Bloodhound. Fast könnte man meinen, sein Kopf sei eine einzige riesige Nase! Er kann Fährten noch nach zehn, fünfzehn und mehr Tagen erfolgreich verfolgen.

Das Gelände, in dem wir suchen, hat einen starken Einfluss darauf, wie wir arbeiten: In der Stadt herrschen andere Umstände als auf dem Land, im Flachland ganz andere als im Gebirge. Geruchsströmungen folgen thermisch bedingt der Luft an den Fuß eines Abhanges oder bei Abkühlung der Luft nach oben. Wasser hält und bindet Geruch, daher setzt er sich oft in Gräben und Bächen fest. Diese Faktoren beeinflussen unsere Arbeitsweise, können jedoch auch Probleme bei der Fährtenverfolgung bescheren.

In der Regel bewältigt ein Flächensuchhund das Absuchen einer Fläche von 30.000 bis 35.000 Quadratmetern in einer halben Stunde.

Die Rettungshundeausbildung dauert etwa anderthalb bis zwei Jahre bis zur Abschlussprüfung. Im Bundesverband Rettungshunde e. V. (BRH) ist es Vorschrift, die Prüfung jährlich zu wiederholen. So kann man kontrollieren, ob wir bereits Gelerntes vergessen haben oder nicht.

Auf jeden Fall möchte ich Euch verraten, was mein Herrchen oft zu mir sagt: „Lieber Dik, du kannst dir nicht vorstellen, was für Probleme ich in der Hauptverkehrszeit habe, mit dem Bus oder der U-Bahn zu fahren, besonders im Sommer, wenn alle noch stärker schwitzen. Stell dir vor, mein Riechvermögen wäre so gut entwickelt wie deins … – Was für eine Quälerei!". Und ich garantiere Euch, es gibt nichts zu lachen … er hat wirklich Recht!

15

So verstehe ich Euch besser – Gehorsamsübungen

Alles, was ich Euch in den vorherigen Kapiteln erklärt habe, sollte bei Gehorsamsübungen beachtet werden. Aber wie könnt Ihr Menschen uns etwas beibringen, ohne dass wir uns gegenseitig unter Stress setzen? Ich werde versuchen, Euch die einfachsten Übungen zu erklären, die ich mit einigen Artgenossen diskutiert und mit meinem Herrchen ausprobiert habe. Bitte seht diese Ratschläge jedoch nicht als einen Ersatz für den Besuch einer Hundeschule. Auch wenn ein Buch zur Vorbereitung wichtig ist und viele gute Ratschläge liefern kann, so geht doch nichts über das praktische Anschauen und Nachmachen!

Prägnante Kommandos wählen

Zunächst sollte man beachten, dass lange Wörter als Hörzeichen schlecht geeignet sind. Bevor Ihr das Kommando zu Ende gesprochen habt, könnte mein Artgenosse im Ernstfall bereits mitten auf eine stark befahrene Straße

gelaufen sein. Ebenso sollten Wörter vermieden werden, die bei Euch Menschen häufig in normalen alltäglichen Gesprächen fallen. Für uns ist es dann sehr schwierig, herauszufinden, wann wir gemeint sind. Eventuell kann das Wort für uns an Bedeutung verlieren, wenn Ihr es auch anderweitig benutzt. – Bei Handzeichen ist wichtig: Wenn sie von Euch eng am Körper gegeben werden, sind sie aus größerer Distanz für uns schlecht zu erkennen.

Grundübung: Sitzen

Beginnen wir mit Eurer beliebtesten Übung: Wir Hunde sollen uns per Hand- und/oder Hörzeichen hinsetzen. Ob wir für diese Übung angeleint sind oder nicht, ist Euch überlassen. Ihr solltet uns aber in keinem Fall durch die Leine zum Sitzen zwingen. Besser wäre es, wenn unser Herrchen ein Leckerli zwischen den Fingern seiner erhobenen Hand eng über unseren Kopf hielte. In der Regel setzen wir uns dann erst einmal hin, um das Leckerli besser sehen zu können, anstatt zu versuchen, es selbst aus Eurer Hand zu holen. Genau im Moment des Hinsetzens sollten wir das Kommando „Sitz!“ hören und gleichzeitig das Lob für unser Verhalten – das Leckerli – bekommen. Bei dieser Übung lernen wir auch, die „erhobene Hand“ mit dem Sitzen zu verknüpfen.

Wiederholt Ihr dieses täglich einige Male, so finden wir das Grundlegende des Kommandos schnell heraus. Jetzt solltet Ihr bei dem Hörzeichen „Sitz!“ und/oder der erhobenen Hand das Leckerli nicht mehr offensichtlich zeigen. Sobald wir uns nun setzen, wird zunächst verbal gelobt, bevor das Leckerli gegeben wird. Auch hier gilt wieder die „Ein-Sekunden-Regel“ zwischen gezeigtem Verhalten und Belohnung. Achtet bitte bei allen folgenden Übungen ebenfalls auf die Regeln, die ich Euch im Kapitel „So lerne ich rasch und gern“ erklärt habe: Intermittierende Belohnung, Konsequenz, an verschiedenen Orten und in unterschiedlichen Kontexten üben, die Kommandos so selten wie möglich, aber so häufig wie nötig anwenden!

Eventuell fragen sich einige von Euch, warum wir eigentlich in keinem Fall durch die Leine zum Sitzen gezwungen werden sollten? –

Durch die Leine käme es zu einer Manipulation, sei es durch das Ziehen am Halsband oder – noch schlimmer – durch das Herunterdrücken des Hinterteils mit der Hand. Alle Manipulationen werden jedoch zu einem eigenen Zeichen für das Setzen, und zu viele Zeichen auf

einmal verwirren uns nun mal eher. Außerdem muss man später diese Extra-Zeichen alle wieder abtrainieren, damit wir auch auf Entfernung gut gehorchen. Grundsätzlich kann man sagen, dass Zwangsmaßnahmen jeglicher Art bei Gehorsamsübungen immer kritisch hinterfragt werden sollten.

Sehr von Vorteil ist auch das Lernen eines Belohnungswortes, zum Beispiel „Brav“. Ihr habt gerade erfahren, wie wir Hunde das Sitzen als ein Verhalten gelernt haben, das uns zu einem Leckerli führt. Verbindet man das Leckerli nun noch mit dem Wort „Brav“, so wird dieses „Brav“ von uns im weiteren Verlauf der Übungen ebenfalls als Belohnung erkannt – und das motiviert uns häufig ebenso wie das Leckerli selbst. Wenn Ihr häufig per Lobwort mit uns arbeitet, solltet Ihr dieses Wort nur hin und wieder – nicht immer! – mit einer Leckerligabe, Streicheleinheiten oder einem Spielzeug kombinieren. Ansonsten verliert es irgendwann seine besondere Bedeutung wieder.

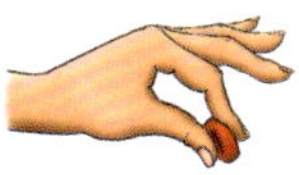

Vom „Sitz!“ zum „Platz!“

Ähnlich der Übung „Sitz!“ funktioniert auch das Trainieren des Kommandos „Platz!“. Hier sollte ich ebenfalls in keinem Fall durch die Leine zum Liegen gezwungen werden. Diese Übung lernen wir Hunde am schnellsten, wenn wir zuvor bereits sitzen. In dieser Ausgangsposition haltet Ihr uns die Hand mit dem Leckerli vor die Nase und führt sie dann locker ohne Spannung sehr eng vor unserer Brust und den Vorderbeinen entlang Richtung Boden. Da wir Hunde automatisch der „Leckerli-Hand“ mit unserer Nase folgen möchten, müssen wir zwangsläufig mit unserem Körper etwas nach hinten ausweichen. Im Idealfall legen wir uns dabei hin: In dem Augenblick, in dem unser Bauch den Boden berührt, gebt Ihr das Hörzeichen „Platz!“ und wir erhalten das Leckerli.

Hunde der kleineren Rassen neigen dazu, trotzdem sitzen zu bleiben. Bitte übt Euch in diesem Fall in Geduld und haltet die Hand mit dem Leckerli solange am Boden, bis sich Euer Liebling früher oder später hinlegt. Währenddessen gebt Ihr ihm das Kommando „Platz!“ und das Leckerli. Egal, ob wir uns schnell auf den Boden legen oder alles versuchen, um im Sitzen oder sogar im Stehen an das Leckerli zu kommen: Man sollte Kommando und Leckerli immer so lange zurückhalten, bis wir wirklich liegen – erst dann darf sich Eure Hand als

Bestätigung öffnen. Mag es auch komisch klingen: Ihr solltet häufig zwischen der linken und rechten Hand abwechseln; ansonsten könnten wir uns irgendwann so sehr auf eine Hand fixieren, dass wir uns ohne die nicht mehr hinlegen möchten. – Auch die Übung „Platz!" muss vielfach wiederholt, generalisiert und intermittierend belohnt werden. Man kann auch einfach abwarten, bis wir uns zufällig von allein hinlegen, um dann das Kommando „Platz!" zu verwenden. Unmittelbar danach (innerhalb einer Sekunde!) müssen auch hier Leckerli, Lob oder eine Streicheleinheit folgen.

Verbleiben

Sind wir beide irgendwann mit dem Üben soweit vorangekommen, dass ich mich nur auf das Hörzeichen hin zügig hinlege – auch wenn mein Herrchen dabei aufrecht stehen bleibt – kann man die Übung langsam ausbauen. Nun könntet Ihr zum Beispiel zunächst einige Sekunden neben uns stehen bleiben, bevor Ihr uns bestätigt und lobt. Auf diese Weise wird ein Zeitfaktor in das Kommando eingebaut und wir sind auf dem besten Wege zum „Bleib!". Nach und nach werden immer mehr Schwierigkeitsgrade eingebaut. Ihr könnt Euch zum Beispiel schrittweise von uns entfernen, um dann wieder zurückzukehren. Man sollte nicht mit zu großen Distanzen zum Hund beginnen und auch die Zeitspannen des Liegens nur ganz langsam verlängern. Gönnt Euch bitte viel Zeit und Geduld!

Kontaktsignal

Ein weiterer wichtiger Aspekt: In unserer Erziehung sollte ein „Aufmerksamkeitssignal" verankert werden. Wir alle sollten ein Signal kennen lernen, bei dem wir augenblicklich Kontakt zu Euch aufnehmen. Dabei sollte uns von Euch nur der sofortige Blickkontakt abgefordert werden, nichts weiter. Unser Name ist dafür fast immer das beste Signal. Sobald der Blickkontakt zwischen uns besteht, werden wir sofort mit Leckerli und Lobwort belohnt. Wir lernen dadurch, Euch beim Rufen unseres Namens kurz ins Gesicht zu sehen. Dadurch erhöht sich Eure allgemeine Kontrolle über uns ganz erheblich!

Zu Euch kommen

Wenn das Aufmerksamkeitstraining gut klappt, könnt Ihr Euch von uns etwas weiter entfernen, bevor Ihr unseren Namen ruft. Sobald wir Hunde nun, nach dem Blickkontakt suchend, zu Euch laufen, um das Leckerli abzuholen, ergänzt bitte in unsere Bewegung hinein das Rückrufsignal, zum Beispiel mit „Hier!". So verknüpfen wir Zeichen und Verhalten bestens: „Hier!" bedeutet, im schnellen Tempo zu Euch laufen. Durch Vergrößerung der Entfernung und Steigerung der auftretenden Ablenkungen wird das Ganze später perfektioniert. Ihr könnt uns für dieses Kommando auch von einer anderen Person festhalten lassen, während Ihr Euch mit Leckerli oder einer anderen Motivation von uns entfernt. Sobald Ihr Euch umdreht und uns mit Namen und dem Hörzeichen „Hier!" ruft, lässt die Hilfsperson uns los. Der Rückruf ist eines der wichtigsten Kommandos. Egal, wie Ihr ihn übt – Hauptsache, er klappt!

Leider erwartet uns meistens bei dem Kommando „Komm" etwas nicht besonders Erfreuliches. Oft müssen wir ein schönes Spiel oder einen tollen Spaziergang beenden und wir werden fast immer angeleint. Kein Wunder, dass wir früher oder später versuchen, dieses Kommando zu überhören. Aber Ihr könnt mit uns so arbeiten, dass das Kommando „Komm" für uns immer interessant bleibt. Wie? Ganz einfach! Ihr müsst uns im Laufe eines Tages, während des täglichen Ablaufes, unabhängig davon, womit wir gerade beschäftigt sind, das

heißt während eines Spazierganges oder eines Spieles, von Zeit zu Zeit zu Euch rufen. Ihr streichelt uns kurz, lobt, gebt uns ein Leckerli und schickt uns wieder weg. Eine ganz tolle neue Situation entsteht! Wir kommen zu Euch, und statt ständig wieder angeleint zu werden, dürfen wir auch noch mal weggehen, nachdem wir sogar belohnt worden sind. Ist das nicht eine gute Motivation, um immer wieder zu Euch zu kommen?

An der Leine gehen

Das ordentliche Gehen an der Leine scheint ein häufiges Problem für beide Partner zu sein. Auch hierbei gilt, dass keiner vollendet auf die Welt kommt! Wie könnt Ihr also von uns verlangen, dass wir uns in Eurem Tempo und in die gleiche Richtung wie Ihr bewegen – nur weil eine Leine Eure Hand mit unserem Hals verbindet? Auch das muss uns langsam und mit Geduld beigebracht werden. Zuerst solltet Ihr bitte entscheiden, an welcher Seite wir laufen sollen – links oder rechts, wie Ihr es wollt. An dieser Seite muss danach konsequent gearbeitet werden. Letztendlich darf man nicht vergessen, die andere Seite zu trainieren. Das hat auch wichtige praktische Effekte. Wir Hunde sollten so zum Beispiel immer auf der vom Straßenverkehr abgewandten Seite geführt werden. Jetzt wisst Ihr, wieso wir sowohl links als auch rechts gut an der Leine gehen müssen! Wenn die Leine beim Spaziergang locker bleibt, stets etwas durchhängt, werden wir gelobt. Gelobt wird nur mit Worten, um den Bewegungsfluss nicht zu stören. Nur zwischendurch sollten wir, sozusagen für eine längere gelungene Strecke, ein Leckerli als besondere Anerkennung erhalten.

Aus Erfahrung weiß ich: Euch nervt es, wenn wir an der Leine zerren, zu weit vorlaufen. Mehrere Möglichkeiten gibt es, uns das abzugewöhnen – ich werde Euch drei Methoden verraten, die ich persönlich bevorzuge! Bei der ersten Methode bleibt Ihr einfach kurz in der Bewegung stehen, bis auch wir abbremsen. Dann ist bei Eurem nächsten Schritt die Leine automatisch wieder locker. – Bei der zweiten Ausführung bleibt Ihr jedes Mal bei gestraffter Leine solange wortlos stehen, bis wir selbst die Leine lockern, indem wir uns hinsetzen oder uns nach hinten umgucken. Dann geht Ihr sofort wortlos und zügig weiter. Bleibt die Leine locker, lobt uns bitte! Dass es bei lockerer

Leine weiter voran geht, ist für uns bereits eine Belohnung, denn wir kommen unserem Ziel einen Schritt näher. So verknüpfen wir irgendwann, dass wir nur in unsere gewünschte Richtung kommen, wenn wir dafür sorgen, dass es uns nicht am Hals drückt. Am Anfang benötigt man für kurze Strecken, beispielsweise einhundert Meter, auch schon einmal über zwanzig Minuten. Aber diese Geduld lohnt sich! Als dritte Möglichkeit gebt uns einen leichten Impuls durch die Leine, damit wir unsere Aufmerksamkeit auf Euch richten. In diesem Moment wendet Ihr Euch uns mit Eurem Körper zu und zeigt uns die Richtung. Wir werden Euch folgen und sollten wir dann wieder ziehen, gebt Ihr uns wieder einen leichten Impuls durch die Leine und zeigt durch Eure Körperhaltung die Richtungsänderung usw. Bald begreifen wir, dass Ihr unsere Führung seid und wir Euch nur zu folgen brauchen. Diese letzte Möglichkeit solltet Ihr aber am besten unter Aufsicht von guten Hundetrainern durchführen. Für die meisten von Euch ist es eben wirklich schwierig, einen leichten Impuls durch die Leine zu vermitteln und wenn aus diesem Impuls ein harter Leinenruck wird, hat das ganze tierschutzrelevante Aspekte!

Wenn wir die Leinenführung beherrschen, wird jeglicher Ausflug mit uns viel entspannter für beide Seiten. Ihr dürft uns, gerade wenn wir an der Leine ziehen und zerren, herumspringen und auch sonst völlig aus dem Häuschen sind, nie – und ich meine wirklich nie – ableinen. Ihr würdet sonst unser Verhalten belohnen, was ein noch schlechteres Benehmen zur Folge hätte. In diesem Fall haben wir uns hinzusetzen und einen Augenblick zu sammeln, sonst bleibt

die Leine dran! Die Übungen „Sitz aus der Bewegung", „Ablegen aus der Bewegung" und das bei Euch sehr beliebte Hörzeichen „Fuß/bei Fuß" könnt Ihr dann am besten in einer qualifizierten Hundeschule anschließen.

Die unsichtbare Leine

Ich möchte Euch in diesem Teil des Kapitels noch bitten, mit uns mittels der besten und sichersten Leine, die es gibt, zu üben: nämlich Eurer Anwesenheit begleitet in Ausnahme-

fällen von Eurer Stimme. Wie das geht? Ganz simpel: Wenn wir mit Euch frei spazieren gehen dürfen, werden wir ziemlich schnell sehr selbständig vor Euch laufen. Damit bestimmen wir unter anderem automatisch die Richtung. Ist das nicht toll? Also für uns auf jeden Fall! In diesem Moment solltet Ihr kommentarlos die Richtung wechseln, am besten dreht Ihr Euch hierzu um und lauft einfach so weiter, wie Ihr es für richtig haltet. Wir brauchen nicht lange, um zu merken, dass Ihr in eine völlig andere Richtung geht, als wir es tun und wir werden deshalb schnellstmöglich wieder neben Euch laufen wollen. Ebenso schnell werden wir allerdings vergessen, was soeben geschehen ist und erneut vor Euch spazieren gehen. In diesem Moment müsst Ihr noch einmal wortlos die Richtung ändern und das mehrmals. Irgendwann werden wir verstehen, dass nicht nur IHR die Richtung bestimmt, sondern auch, dass wir uns beim Spazierengehen auf EUCH konzentrieren sollen. Euch zu verlieren wäre für uns katastrophal! Nur, wenn wir es schon beherrschen, könntet Ihr uns auch mittels Rufen Bescheid geben, dass sich die Richtung nun für uns ändert. Wenn Ihr uns einfach nur ruft, kann es sonst sein, dass wir zwar sehr wohl wissen, dass Ihr die Richtung ändern wollt, wir Euer Rufen aber meist als Ratschlag interpretieren und nicht unbedingt als Befehl. Letztendlich ruft Ihr uns häufig, ohne uns die Konsequenzen für unsere Ungehorsamkeit zu zeigen.

„Aus!“

Ein sehr wichtiges Hörzeichen ist das „Aus!“, bei dem wir freigeben sollen, was wir gerade im Maul haben. Beim Üben dieses Kommandos dürft Ihr uns keinesfalls, nie und nimmer, hinterherlaufen, um das „Ausgeben“ unserer „Beute“ zu erzwingen! Wir würden dadurch nur lernen, dass es Situationen gibt, in denen Mensch und Hund konkurrieren. Gleichzeitig wird uns vermittelt, dass es dabei um wichtige Dinge geht, die man als Hund für sich behalten will. Haben wir diese Gedanken erst einmal im Hinterkopf, so kann es für Euch Menschen gefährlich werden. Denn Ihr riskiert einen Kampf mit uns, anstatt unsere Leitautorität zu bleiben.

Am besten trainiert man das „Aus!“ mit einem Spielzeug und natürlich Leckerlis. Wir bekommen ein Spielzeug, das wir gern herumtragen. Ihr aber habt jedoch noch etwas Besseres parat, das Ihr uns anbietet, während wir das Standard-Spielzeug im Maul haben. Möchten wir nun das Leckerli oder attraktivere Spielzeug von Euch nehmen, müssen wir das erste Objekt zwangsläufig loslassen. In dem Augenblick, in dem es uns aus der Schnauze fällt, sagt Ihr „Aus!“ – und gebt uns sofort das bessere Teil als Belohnung. Haben wir gelernt, auf das Hörzeichen „Aus!“ etwas aus dem Maul fallen zu lassen, so legt Ihr nun beim Kommandogeben Eure Hand an das Objekt. Auf diese Weise lernen wir dann das gezielte „Aus-Geben“ in Eure Hand.

16

Mein Sofa, ich und Ihr –
Die Grenzen der Toleranz

Das geliebte Sofa ist für uns ein Symbol der Macht. Ähnlich dem königlichen Thron für Euch Menschen. Und damit übertreibe ich keineswegs, denn wir fühlen uns darauf tatsächlich wie Könige oder Herrscher, heutzutage am besten mit dem Chefsessel in einer Konzernspitze vergleichbar. Von dort oben haben wir nämlich die Möglichkeit, alles unter Kontrolle zu haben. Und das ist uns sehr wichtig: Wenn man Wölfe oder Hunde in Freiheit beobachtet, zeigt sich, dass nur die ranghöheren Tiere Anspruch auf die besten Plätze haben. Und als die besten Plätze sehen wir jene an, von denen aus wir alles und jeden unter Kontrolle haben und die uns gleichzeitig einen gewissen Schutz bieten. Schutz gibt ein solcher Platz, weil man den besten Überblick hat und sich die rangniedrigeren Rudelmitglieder um diese höhere Position herum aufhalten. Ein Angreifer wird bereits hier abgewehrt.

Im täglichen Leben haben wir dieses Ansinnen auch heute noch im Hinterstübchen.

Deshalb werden wir stets bestrebt sein, einen anderen erhöhten Platz noch zu erobern, falls Ihr in Eurer Konsequenz nachlasst.

Das Sofa steht sinnbildlich stellvertretend für alle Plätze der Ranghöheren wie Sessel, Bett oder Stühle. Eben für alle zentralen Plätze in einem Zimmer, von denen aus wir das Geschehen kontrollieren können. Besonders beliebt ist bei uns auch der Flur, denn von dort kann man sogar mehrere Zimmer gleichzeitig überschauen!

Vom Sinn der Rangordnung

Eine Art „Rangordnungsdenken" ist bei uns Voraussetzung für ein friedliches Zusammenleben. Gäbe es keine stabile Rangordnung, gäbe es auch ständig wegen jeder Kleinigkeit Streit. Wir Hunde kennen keine Demokratie! Obwohl wir mit Euch Menschen kein Rudel, sondern eine soziale Gruppe bilden, müssen wir trotzdem unsere Position finden. Es ist deshalb für uns wichtig, dass Ihr liebevolle, aber bestimmte und klare Grenzen setzt. Wir brauchen klare Regeln im Zusammenleben mit Euch Menschen, damit wir uns wohl fühlen können. Ranghohe Tiere haben zwar Vorteile, aber auch Pflichten, denn sie müssen zum Beispiel die Verantwortung für die Sicherheit des Rudels übernehmen. Sollte uns vermittelt werden, dass wir hier die Rudelchefs sind, so würden wir uns für die ganze Familie verantwortlich fühlen. Wir würden ständig wachsam sein, Euch verteidigen wollen und würden deshalb nicht mehr zur Ruhe kommen. Wir wären schnell mit diesen Pflichten in Eurer für uns unnatürlichen und fremden Welt völlig überfordert. Eine niedrigere „Rangposition" ist für uns dagegen stressfrei. Wir fühlen uns unter einer souveränen, aber liebevollen Leitung sehr wohl, geborgen und sicher. Alle Empfehlungen, die in diesem Kapitel folgen, sind besonders für meine Artgenossen gedacht, die mit Eurem demokratischen Denken und Verhalten nicht umgehen können. Leider können, je nach Situation, große Missverständnisse entstehen.

Wenn man gewähren lässt

Der West Highland White Terrier Max beispielsweise wurde von einer netten älteren Dame vor kurzem aus dem Tierheim abgeholt. Die liebe „Oma Gerti", wie sie von allen genannt wird, war stets bemüht, alle ihre Lieben zu verwöhnen. So gab sie auch alles dafür, es ihrem Mäxchen so schön wie möglich zu machen und tat alles für ihn. Während der ersten Wochen in seinem neuen Zuhause tastete sich mein vierjähriger Artgenosse erst einmal vorsichtig vor, wollte herausfinden, welche Regeln in der „neuen Welt" galten und wie weit er hier gehen durfte. Wenn „Oma Gerti" einkaufen ging und ihn allein ließ, nahm Max den Sessel mitten im Wohnzimmer ein und beobachtete von dort aus die Gartenpforte. Sobald sein neues Frauchen jedoch zurückkam, sprang er stets von dem Sessel herunter, denn bei seiner vorherigen Familie hatte er sich nicht so platzieren dürfen. Drei Wochen nach seinem Einzug erspähte Max plötzlich von seinem Sessel aus einen Mann in Uniform, der einfach die Gartentür öffnete und Richtung Haus ging: Der Postbote kam! Max wurde aufmerksam und knurrte leise; der Mann im Vorgarten schien jedoch unbeeindruckt. Das konnte Max nicht einfach so hinnehmen – er knurrte lauter, zeigte seine scharfen Zähne, bellte und testete sein gesamtes Repertoire. Und endlich, während Max sich wie eine Bestie gebärdete, warf der Postbote etwas durch den Türschlitz und ging. „Ich habe es geschafft!", dachte Max, „Mit ‚Zähne zeigen' und ‚auf aggressiv machen' habe ich den Mann verscheucht!" – Dies wiederholte sich in der Folgezeit mehrfach. Max schloss daraus, dass die meisten Menschen Respekt oder Angst vor ihm hatten, wenn er sich aggressiv gerierte. Eines Abends, als Max wieder auf „seinem" Sessel lag – was er seit neuestem auch durfte, wenn Oma Gerti zu Hause war – wollte sich sein neues Frauchen auf den Sessel setzen. Doch Max zeigte ihr knurrend die Zähne – und die ängstliche, zierliche, ältere Dame nahm lieber auf einem unbequemen, hölzernen Küchenstuhl neben Max Platz, um ihre Lieblingsfernsehserie zu sehen. Nun war für den Hund alles klar: Sobald er die Zähne zeigte und knurrte, war er der Größte. Oma hingegen war nun seine nette Dienerin. Bis zum ersten Biss fehlte nicht viel. Denn weder verhielt sich Oma Gerti wie die Chefin noch ließ sie den Hund wirklich Boss sein. So wurde Max verleitet, weitere Rechte einzufordern.

Nach nur fünf Wochen landete er wieder im Tierheim. Diesmal aber mit dem Aktenvermerk „Menschenbeißer". Tja, Max handelte nur so, wie er es von Euch Menschen vermittelt bekam! Leider gebt Ihr Menschen uns häufig unbewusst falsche Vorgaben. Das ist besonders tragisch, weil Ihr glaubt, uns mit Eurem Verhalten eigentlich einen Gefallen zu tun, indem Ihr uns auf diese Weise Eure Liebe und Zuneigung zeigt.

Füttern ohne Missverständnis

Ein Beispiel: Ranghöheren Tieren kommt stets zu, sich an der Beute als Erste zu bedienen, sich satt zu fressen. Erst wenn sie satt sind, bekommen die rangniedrigeren Tiere, was übrig bleibt. Das wissen und akzeptieren wir; es zeigt uns, wer das Sagen innerhalb des Rudels

hat. Ihr müsst wissen, wie wichtig für uns klare Strukturen im Rudel sind!

Dass es Supermärkte gibt, wissen wir nicht. Der Kühlschrank ist für uns eine Art Beutereservoir, für das Ihr Menschen mit Erfolg schwer gejagt habt, wenn auch ohne uns. Aber warum bekommen wir so häufig vor Euch unseren Anteil? Das ist für uns irreführend. Ihr behandelt uns damit wie ranghöhere Tiere, obwohl wir die Beute nicht mitgejagt haben. Wir sollten jedoch nicht die Ansprüche eines ranghöheren Tieres stellen dürfen! – Am Besten solltet Ihr uns nach Euren Hauptmahlzeiten unsere Futterration geben. Für Leckerlis, die wir uns nicht erarbeitet haben, gilt ebenso: Wir sollten sie erst erhalten, nachdem Ihr einen Keks, ein Bonbon, eine Tasse Kaffee oder ein Glas Wasser zu Euch genommen habt. Dann nämlich glauben wir, dass Ihr uns etwas übrig gelassen habt – und es entstehen keine Missverständnisse.

Solltet Ihr uns mit Trockenfutter ernähren, verteilt unsere tägliche Portion über den Tag. Allerdings solltet Ihr bei der Gabe von Futter Gegenleistungen von uns erwarten. Sitz, Bleib, sowie verschiedene Kunststückchen zählen zu solchen und dienen dem Zweck. Dieses Prinzip beschreibt das so genannte „Learn to earn“, welches gleichzeitig auch Eure Position verstärkt.

Spielzeug ist Beute

Ein anderes Beispiel für irreführende Informationen ist häufig Euer Umgang mit unseren Spielzeugen. Wir spielen selbstverständlich gern damit – aber sind es für uns wirklich nur Spielzeuge? Nein, denn Spielzeuge stellen für uns ebenfalls Beute dar. Haben wir stets freien Zugang zur Beute, wird uns der Eindruck vermittelt, wir seien die Ranghöheren im Haus. Behaltet daher lieber unsere Spielzeuge in Eurer Obhut: Gebt uns nur ein Spielzeug,

nicht mehrere gleichzeitig! Bevor das Spiel für uns langweilig wird, nehmt es uns bitte wieder weg. So bestimmt Ihr, wann und wie lange wir uns mit der Beute amüsieren dürfen. Ihr zeigt uns damit, dass nur Ihr den Freizugang zu den Ressourcen habt. Ihr seid die Ranghöheren und wir fühlen uns bei Euch gut aufgehoben. Das vermittelt uns Sicherheit.

Wer geht zuerst durch die Tür?

Eine Tür hat für uns eine völlig andere Bedeutung als für Euch. Für Euch Menschen ist sie lediglich ein nützliches Gebäudeteil. Für uns Hunde aber ist sie die Grenze zwischen zwei Welten. Vor allem jene Türen, durch die man das Haus verlassen kann. Wer zuerst durch die Tür tritt, bestimmt in unseren Augen die Richtung und übernimmt die Führung. Lasst Ihr uns immer zuerst hinaus, müsst Ihr Euch nicht wundern, wenn wir dann auch an der Leine ziehen. Denn wir, als die Ersten, müssen folglich die Richtung vorgeben, oder? Deshalb haben wir unangeleint nach unserem Verständnis auch keinen Anlass, auf Euren Rückruf zu Euch zurückzukehren. Wir sind dann „ungehorsam", meint Ihr – tatsächlich aber reagieren wir in unserer Logik nur folgerichtig. Wir Hunde interpretieren den täglichen Spaziergang ja nicht als ein erholsames „Frischelufttanken", sondern als einen absolut aufregenden Jagdausflug. Nur die ranghöheren Tiere führen die Jagd an. Missverständlich kann uns ein Führungsanspruch zugebilligt werden, wenn wir vor Euch durch eine Tür dürfen!

Ihr seid die Chefs!

Auch, wenn wir nahe an Euch herankommen und mit unserem Kopf Streicheleinheit verlangen oder Euch Gegenstände bringen und zum Spiel auffordern, solltet Ihr uns erst einmal ignorieren. Nur die ranghöheren Tiere dürfen die rangniedrigeren stören, nicht umgekehrt. Wenn uns stets Eure Aufmerksamkeit sofort zukommt, wird das von uns nicht unbedingt als Liebeserklärung interpretiert, sondern als eine Eurer Schwächen. – Ebenso darf nur ein ranghöheres Tier zuerst Neuankömmlinge begrüßen und von ihnen als Erstes begrüßt werden. Das solltet Ihr auch in Eurem Haus von Anfang an einführen, wenn Besuch kommt. Oder wenn Ihr jemanden draußen begrüßt, beim Ausflug etwa.

Tagtäglich treten beim Zusammenleben von Mensch und Hund Situationen auf, in denen Ihr Menschen Euch nach Eurem Verständnis logisch verhaltet. Was Ihr jedoch für logisch haltet, kann für uns ganz und gar unverständlich sein. Wir Hunde interpretieren Euer Verhalten gemäß unserem Naturell – und reagieren deshalb häufig für Euch wiederum gänzlich unerwartet. Dies führt auf beiden Seiten irgendwann zu erheblichen Missverständnissen. Denen aber könnt nur Ihr vorbeugen, indem Ihr Euch über unsere „Funktionsweise" rechtzeitig informiert – möglichst, bevor Ihr uns zu Euch nach Hause holt! Uns unmissverständliche Informationen zu vermitteln, ist Eure beste Liebeserklärung an uns!

Ihr Menschen seid die Herrscher über das Haus als Territorium, das Futter und die Spielzeuge als Beute, unsere Pflege und alle Aktivitäten, Spaziergänge und Ausflüge werden von Euch bestimmt. Ihr solltet stets vorgeben, wann, wie lange, wohin und wie oft wir etwas tun dürfen. Ihr könnt uns so steuern, wie Ihr es wollt. Das bedeutet nicht, dass Ihr uns tyrannisieren sollt. Sondern Ihr sollt lediglich mit dem, was wir benötigen, gezielt und für uns verständlich umgehen – damit wir gemeinsam glücklich sind!

17

Ich verdiene Euren Schutz! –

Hundeschutz heute… und morgen?

Tierschutz! Ein Wort, viele Interpretationen, keine geschützte Bedeutung – so könnte man Tierschutz beschreiben. Fast jeder Mensch, der Tiere liebt, hält sich für einen Tierschützer. Aber reicht die Liebe zum Tier allein aus, um ein Tierschützer zu sein? Auch jene halten sich für Tierschützer, die mit Spraydosen Pelzmantelträgerinnen attackieren. Oder die nette Dame von nebenan, die fünfundzwanzig entzückende Katzen in einer Vierzig-Quadratmeter-Wohnung hält, oder der liebe Opa, der täglich die Stadttauben noch fetter füttert, obwohl es von ihnen zu viele gibt und die Krankheitskeime der Tauben für Mensch wie Hund gefährlich sind.

„Tierschutz" ist kein rechtlich umrissener, geschützter Begriff. Er gewann dank zunehmendem Wohlstand, mehr Freizeit der Bevölkerung und dem wachsenden Medieninteresse an Tieren Mitte des 20. Jahrhunderts an Bedeutung. Erst, als es den Menschen gut ging, konnte man sich „Tierschutz" leisten.

Prophylaktischer, praktischer, religiöser, ökonomischer, rechtlicher, ethischer, anthropozentrischer, wissenschaftlicher, karitativer, emotionaler, geordneter Tierschutz sind Teile des Ganzen. Ich werde alle Arten, außer dem wissenschaftlichen und dem rechtlichen, nun als „emotionaler Tierschutz" zusammenfassen. Eine Mischung aus emotionalem, wissenschaft-

lichem und rechtlichem Tierschutz wäre das Optimum.

Emotionaler Tierschutz

Quelle für den emotionalen Tierschutz ist das Gefühl des Menschen, gespeist aus Anteilnahme an der Kreatur. Er ist spontan, häufig nicht rational und nur selten zu begründen. Er ist anthropozentrisch, nach dem Motto: „Was Du nicht willst, das man Dir tu', das füg auch keinem Anderen zu." Bedürfnisse und Befindlichkeiten des Menschen werden auf Tiere projiziert, ohne gesicherte Erkenntnisse. Was gut für den Menschen ist, muss nicht zwangsläufig auch zum Wohlbefinden eines Tieres beitragen.

Aber dank Gefühlsquelle und Spontaneität kann der emotionale Tierschutz der Motor sein, um in Verbindung mit wissenschaftlich und rechtlich angemessenem Tierschutz zu praktizieren.

Wissenschaftlicher Tierschutz

Er basiert auf naturwissenschaftlichen Erkenntnissen der Physiologie, Anatomie, Hygiene, Ethologie (Verhaltenskunde) in Theorie und Praxis unter Verknüpfung mit ethischen Motiven zum Schutz der Tiere. Er ist rational und begründbar. Spontane, emotionale Empfindungen gegenüber Tieren wie auch die bürokratische Gesetzesanwendung allein schützen Tiere nicht. Nur in Verknüpfung mit wissenschaftlichen Erkenntnissen über Tiere sind sie erfolgreich zu schützen, denn: „Wissen schützt Tiere".

Rechtlicher Tierschutz

Auf Gesetzesvorgaben beruhend, erschweren bürokratische Umstände seine Umsetzung. Erst eine sinnvolle, konsequente Anwendung der Tierschutzgesetzgebung führt zum praktischen Tierschutz.

Fragwürdiger Hunde-Transfer

Um es im Voraus festzuhalten: In Deutschland gibt es sehr viele bedürftige Hunde! Es genügt, in den Tierheimen nachzufragen.

Einige interessante Tierschutzprojekte für Hunde mögen Euch verdeutlichen, was machbar und was zu hinterfragen ist: Das Interesse am Tierschutz steigt mit dem Wohlstand eines Landes. Hunde in südlichen Ländern haben es deshalb nicht so gut wie wir in Mitteleuropa. Viele rein emotional gesteuerte Menschen glauben, Tierschutz zu leisten, indem sie die armen Lebewesen etwa aus Spanien, Griechenland, Rumänien oder der Türkei nach Deutschland holen. Kommerzielle Händlerringe sind bereits entstanden, die mit der Umsiedelung ihren Profit machen und sich hinter der Tierschutzabsicht verstecken.

Verhaltensprobleme treten bei diesen Hunden vermehrt auf. Zudem ist unsicher, ob solche Hunde nach der Umsiedelung in einer deutschen Stadtwohnung glücklich werden. Das größte Problem aber ist die mögliche Einschleppung von – teils tödlichen – Krankheiten. Die Inkubationszeit kann je nach Krankheit bis zu zwei Jahre betragen. Eine Untersuchung vor und nach der Überführung nach Deutschland gibt längst keine Gesundheitsgarantie.

Der zierliche Paco, eine Strandpromenadenmischung aus Valencia, erkrankte erst ein Jahr nach seiner Ankunft in Hamburg an Leishmaniose.

Schlimm genug, aber besonders schrecklich, zumal Paco in Hamburg nicht einmal glücklich war und sich nicht anpassen konnte. Er litt unter Verhaltensstörungen. Oft erzählte er mir, wie sehr er Valencia und seine Freiheit vermisste. Das Wetter, seine Kumpel, Mittelpunkt bei den Touristen zu sein, die ihn fütternde alte Dame – das alles fehlte ihm so.

Tierschutz in der Hundeheimat

Sinnvoller ist es da, meinen ausländischen Kollegen in ihrem eigenen Land zu helfen: Im Oktober 1999 machte mein Herrchen mit seiner Frau in Fethiye, in der Türkei, Urlaub. Ihnen ging das Schicksal der dort unter schlimmsten Verhältnissen lebenden Straßenhunde sehr nahe. Und sie lernten Menschen kennen, die sich seit Jahren für die Hunde einsetzten, indem sie Welpen nach Deutschland transportierten. Nach langen Diskussionen waren die türkischen Tierschützer überzeugt: Es würde sinnvoller sein, den Tieren vor Ort zu helfen. Sieben Einwohner von Fethiye begründeten einen im Register eingetragenen Tierschutzverein – und der Verein baute ein für die Türkei völlig neuartiges, modernes, hundegerechtes und beispielhaftes Tierheim.

Engagiert mit Kompetenz

Die Leiterin von Verein und Tierheim ist Frau Perihan Agnelli. Nach vielen Lebensjahren in England und Deutschland setzt sich die türkische Mäzenatin nun in ihrer Heimat mit Herz und Seele ehrenamtlich – auch mit Hilfe ihres Mannes Riccardo – für die Tiere ein. Vorbildlich unterstützt durch Behcet Saatci, Bürgermeister von Fethiye, Cengizhan Aksoy, Gouverneur der Region, die vier Hektar Land zur Verfü-

gung stellten. Darauf wurde im Sommer 2000 ein Gebäude fertig gestellt mit tierärztlichem Operationssaal, Reinigungsraum für die Tiere, Quarantäne, OP-Nachsorge und Kühlungsbad. In der Folgezeit half mein Herrchen dort nach besten Kräften – wobei deutsche Tierarztaktualität, zunächst skeptisch aufgenommen, das Know How der türkischen Veterinäre ergänzte. Vor allem die Kastrations-Operationen der Hündinnen nach neuestem Wissensstand verringerten das Operationsrisiko und beschleunigten die Rekonvaleszenz.

Kastration bringt Vorteile

Statt der bisherigen in der Türkei durchgeführten einseitig lateralen partiellen Ovariohysterektomie bewährt sich eine durch die linea alba vorgenommene komplette Ovariohysterektomie. Die vollständige Ausräumung hat nicht nur medizinische, sondern auch psychische Vorteile für die Hündin. Die Unterbindung der Bildung von Sexualhormonen bewirkt ein ausgeglicheneres, ruhigeres Wesen der Tiere; die Aggressivität nimmt oft ab. Das wiederum nimmt den Bewohnern von Fethiye ihre Ängste. Somit war Tierschutz auch Menschenschutz. Und zur Unterstützung des Erreichten: Mit einer Aufklärungskampagne soll den Menschen das Wesen des Hundes zum besseren Verständnis nahegebracht werden. Die kastrierten, friedlichen, gesunden Hunde verteidigen ihr Territorium gegen fremde, streunende, unbehandelte, ins Gebiet eindringende Hunde. Damit wird ein Kreislauf unterbrochen, der sich zuvor aus der Tötung der Hunde ergab: Die Zuwanderung weiterer, unbehandelter Hunde wird unterbrochen.

Bemühen schafft Erfolg

Das beispielhafte Projekt in der Türkei, wegweisend für einen rationalen Tierschutz am Ort des Geschehens, bedurfte vieler Helfer. Die Tierärzte Doktores Buyukcalik, Yunguku, Talas, Targit, Ozlen und Ocak unterstützten als Erste mit ganzer Kraft das Anliegen. Auch zwei Freunde meines Herrchens flogen mit – Hans-Jürgen Schütte, der über das einzigartige Projekt eine Reportage für den Westdeutschen Rundfunk verfasste, und der Tierarzt Dr. Götz M. Dreismann halfen vor Ort. Alle zusammen bewirkten eine beispiellose Würdigung des neuartigen türkischen Tierschutzes in Presse und Fernsehen. Heute unterstützen viele deutsche und englische Veterinäre vor Ort das Unterfangen.

Sensationelle Konsequenzen

Das pragmatische Wirken aller Beteiligten unter der Koordinierung von Perihan Agnelli brachte einen zuvor niemals für möglich gehaltenen, grandiosen Erfolg: Als erstes islamisches Land erstellte die Türkei ein Tierschutzgesetz. Das unterbindet nun die Tötung der Straßenhunde und sieht die Kastration der Tiere vor – was zu einer angemessenen Verminderung der herrenlosen Tiere führen wird.

Als damals freier Mitarbeiter des Internationalen Tierschutz-Fonds IFAW in Deutschland ist mein Herrchen darüber glücklich: Tierschutz darf keine Grenzen kennen – und die gemeinsamen Erfolge in der Türkei belohnen den Einsatz. Tiere werden dort nicht mehr getötet, sondern lediglich an ihrer Vervielfachung gehindert.

Mit Stolz kann ich auch berichten, dass meinem Herrchen sowohl vom Bürgermeister von Fethiye als auch vom Ministerpräsidenten der Region aufgrund seines Einsatzes jeweils

eine Medaille mit Urkunde und eine Danksagung überreicht wurde.

Tierschutzspenden richtig einbringen

Ich finde, dass das Geld vieler Tierschutzorganisationen schlecht angelegt ist, wenn es für kurzatmige, nicht durchdachte Aktionen in südlichen Ländern investiert wird.

Sinnvoll wäre die Investition stets in ein wegweisendes, umfassendes Projekt, nämlich: Hilfe zur Selbsthilfe – Hilfe beim Verständnis von Tieren und Anleitung zum eigenverantwortlichen Tierschutz vor Ort! „Vorbeugen ist besser als Heilen" – und Impfen besser als Behandeln.

Hundeschutz in Deutschland

In Deutschland greift das Tierschutzgesetz und die Hundetierschutzverordnung – ergänzt durch weitere Vorgaben der Bundesländer. Priorität für alle Wirbeltiere hat das Tierschutzgesetz mit seinen in 13 Abschnitte unterteilten 21 Paragraphen: Seit 1980 ist das Tier kein Rechtsobjekt mehr, sondern juristisch ein Subjekt. Der Hund gilt in der Rechtssprechung nach § 90 a BGB nicht mehr als „Sache", sondern als Kreatur, als Mitgeschöpf. In 2002 wurde der neue Stellenwert in § 20 a des Grundgesetzes manifestiert. Die wichtigsten Vorgaben des Tierschutzgesetzes solltet Ihr kennen – in unserem Interesse:

§1: „Zweck dieses Gesetzes ist es, aus der Verantwortung des Menschen für das Tier als Mitgeschöpf dessen Leben und Wohlbefinden zu schützen. ..." Wohlfühlen bedingt Gesundheit, Zufriedenheit wie die Erfüllung sozialer und ethologischer Bedürfnisse.

§2: „Wer ein Tier hält, betreut oder zu betreuen hat,

1. muss das Tier seiner Art und seinen Bedürfnissen entsprechend angemessen ernähren, pflegen und verhaltensgerecht unterbringen,

2. darf die Möglichkeit des Tieres zu artgemäßer Bewegung nicht so einschränken, dass ihm Schmerzen oder vermeidbare Leiden oder Schäden zugefügt werden,

3. muss über die für eine angemessene Ernährung, Pflege und verhaltensgerechte Unterbringung des Tieres erforderlichen Kenntnisse und Fähigkeiten verfügen."

Die tierschutzgerechte Hundehaltung basiert auf fünf Aspekten: Ernährung – Pflege – Verhaltensgerechte Unterbringung – Artgemäße Bewegung – Qualifikation des Tierhalters. Um ein Tier halten zu dürfen, reicht nicht das Eigentum am Tier allein. §2 des TierSchGes spricht all jene Personen an, die auf ein Tier gezielt einwirken können: In der Regel Tierhalter oder Tierbetreuer. Betreuer sind meist Familienangehörige oder Beauftragte des Halters. Das Eigentum am Tier allein ist hierbei nicht entscheidend.

Die Haltung eines Hundes zeichnet sich durch das Verhältnis zwischen Tier und Mensch aus; man trifft selbständig ohne Weisungen Entscheidungen für das Tier und soll ein eigenes Interesse an dessen Fürsorge haben.

§12 des TierSchGs sieht ein Haltungsverbot vor für Menschen, die uns Tieren nicht gerecht werden.

Und §17 des TierSchGs droht legitim: „Mit Freiheitsstrafen bis zu drei Jahren oder mit Geldstrafe wird bestraft, wer ... einem Wirbeltier ... länger anhaltende oder sich wiederholende erhebliche Schmerzen oder Leiden zufügt."

Ihr treibt Rassen-Unsinn!

Über alle Gesetze, die einzelne Hunderassen diskriminieren, möchte ich mich nicht im Detail äußern. Mit Eurer Inkompetenz habt Ihr mich beleidigt. „Perlen vor die Säue werfen?" – Nicht mit einem Dik! Ich nehme Euer Treiben rund um uns Hunde genau zur Kenntnis. Aber ich weiß mehr als Ihr, und Euer Treiben macht mich traurig – versteht meinen Vergleich, bitte: Ihr Deutschen bemüht Euch um Toleranz und Weltoffenheit. Einen Menschen etwa wegen seiner Hautfarbe oder Religion zu diskriminieren, verbietet Ihr Euch. Doch wo ist Eure ‚Political Correctness' gegenüber Hunderassen? Als Verhaltenskundler weiß mein Herrchen: Grundsätzlich aggressive Rassen gibt es nicht. In jeder Rasse aber, vom Yorkshire bis zur Deutschen Dogge, gibt es einzelne Tiere mit erblich erhöhtem Aggressionspotenzial, das von Menschen, die es darauf anlegen, herauszukitzeln ist.

Deshalb macht besser strenge Gesetze für das Wesen am anderen Ende unserer Leine – den Menschen! Fast immer resultiert ein Fehlverhalten von uns aus Fehlern von Euch! Damit es uns besser geht: Bemüht Euch um Kompetenz, macht den Sachkundenachweis, bevor Ihr einen von uns bei Euch aufnehmt! Das sollet Ihr leisten – ein pragmatischer Tierschutz für uns Hunde.

18

... und das solltet Ihr noch beachten! –

Eine letzte Bitte

Nicht nur im Training, sondern auch in den eigenen vier Wänden und unterwegs auf der Straße sind wir das Produkt Eurer konsequenten Erziehung. Wir werden, was Ihr uns erlaubt.

Eure für uns bis jetzt geschaffenen Gesetze haben, ehrlich gesagt, niemandem geholfen. Wir wurden diskriminiert und verfolgt. Ergebnis: Ihr habt untereinander lediglich hitzige Diskussionen und Auseinandersetzungen geführt, ohne ein für beide Seiten akzeptables Ergebnis mit vernünftigen Regeln zu erreichen.

Nur aus Eurer Bequemlichkeit folgt, dass Ihr Euch nicht darüber informiert, was wir brauchen und wie wir funktionieren. Und deshalb könnte die so lange, erfolgreiche, freundliche, symbiotische Beziehung zwischen Hund und Mensch zerfallen.

Jedes Kapitel dieses Buches wurde daher so formuliert und aufgebaut, dass es Euch Menschen verständlich und logisch vermitteln soll, wie wir denken und wer wir sind. Ich hoffe, Ihr habt dabei verstanden, dass wir leicht zu erziehen sind – wir sind Wachs in Euren Händen.

Gleichwohl aber wollte ich, Dik, Euch aufzeigen, dass wir als „Euer Modell“ kaum Schuld an den auftretenden Problemen im täglichen Miteinander tragen. Ihr „Modellbauer“, Ihr Menschen, solltet Eure Versäumnisse in der Beziehung zu uns, in unserer Erziehung, hinterfragen. Ich hoffe sehr, dass dies auch Eure Politiker erkennen, wenn sie mit neuen Gesetzesvorgaben über unsere gemeinsame Zukunft entscheiden.

Wir mögen Euch sehr. Und wir möchten, wie bisher, der „beste Freund des Menschen“ bleiben. Bitte helft, damit wir uns in Eurer modernen Menschenwelt zurechtfinden! Mit Eurer Hilfe muss uns kein Mensch jemals fürchten. Das Spektrum der Freundschaft zwischen Mensch und Hund wird immer von Euch bestimmt.

Ich hoffe, ich bin für Lassie, Rex und alle anderen Artgenossen ein guter „Pressesprecher“ gewesen. Möge es gelungen sein, Euch gut zu unterhalten und dabei die Augen etwas zu öffnen! Vielleicht vergesst Ihr nicht die Erklärungen und Erlebnisse, die Euch eine lustige Promenadenmischung ans Herz legte.

In diesem Sinne bedanke ich mich für Eure Aufmerksamkeit.

Ich, Euer Dik, verabschiede mich nun von Euch. So, wie ich begann, in meiner Sprache: ... Wau ... Wau.

PS. Alle Geschichten über Diks Freunde sind wahr, erlebt und nicht erfunden. Erfunden aber sind die Namen der Hunde. Denn deren Privatsphäre muss gewahrt bleiben.

Danksagung

Zuerst möchte ich mich ganz herzlich bei Herrn Rainer Stehr bedanken. Der erfahrene und bekannte Hamburger Autor hat mich bei der Entstehung dieses Buches hervorragend betreut.

Meiner zuverlässigen und hilfsbereiten Tierarzthelferin Anne-Christin Geertz danke ich für die erste grammatikalische Korrektur dieses Buches.

Besonders dankbar bin ich meiner Frau Cathrin, die mir für die Entwicklung dieses Buches den Rücken frei gehalten hat. Obendrein hat meine liebe Frau das schwere Los gezogen, einen Mann zu heiraten, der einen der familienfeindlichsten Berufe ausübt: Tierarzt!

Meiner Fachkollegin Dorit Urd Feddersen-Petersen, bei der ich ein profundes ethologisches Wissen ergattern konnte – tiefsten Dank!

Außerdem dem Kynos Verlag, insbesondere Frau Gisela Rau, für die reibungslose Zusammenarbeit.

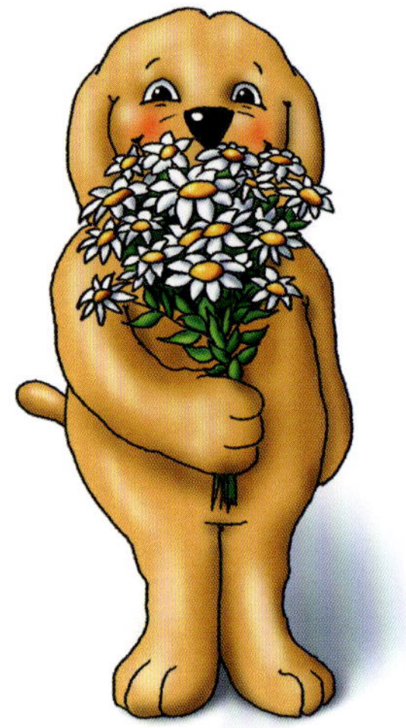

Und nicht zuletzt gilt mein Dank vor allem Dik und allen anderen Hunden der Welt. Denn letztendlich ist es der Verdienst unserer vierbeinigen Freunde, dass dieses Buch überhaupt entstehen konnte.

Dr. Pasquale Piturru, März 2009

Bibliographie

APPLEBY, D. (1997):
Ain´t mistbehavin. Broadcast Books

ASKEW, H. (2003):
Behandlung von Verhaltensproblemen bei Hund und Katze. Parey Verlag

BANDELOW, B., ET AL. (2017):
Biological markers for anxiety disorders, OCD and PTSD: A consensus statement. Part II: Neurochemistry, neurophysiology and neurocognition. In: The world journal of biological psychiatry: the official journal of the World Federation of Societies of Biological Psychiatry. Band 18, Nummer 3, S. 162–214

BEKOFF, M. & BYERS, JA. (1998):
Animal Play. Cambridge University Press

BENNECKE, N. (1994):
Der Mensch und seine Haustiere. Die Geschichte einer Jahrtausende alten Beziehung. Konrad Theiss Verlag

CARLSON, N.R. (1994):
Physiology of Behaviour. Allyn and Bacon

CECCHI PAONE, A. (2002):
Quando Lucy iniziò a camminare. Net

DODMAN, N.H. & SHUSTER, L. (1998): Psychopharmacology of animal behaviour disorders. Blackwell Science

DONALDSON, J. (1998):
Dogs are from Neptun. Laser Multimedia Productions

DONALDSON, J. (2000):
Hunde sind anders – Menschen auch. Kosmos Verlag

FEDDERSEN-PETERSEN, D. (1994): Fortpflanzungsverhalten beim Hund. Gustav Fischer

FEDDERSEN-PETERSEN, D. UND OHL, F. (1995):
Ausdrucksverhalten beim Hund. Gustav Fischer

FEDDERSEN-PETERSEN, D. (2000):
Vocalization of European wolves (canis lupus lupus) and various dog breeds (canis lupus f. Fam.) Arch. Tierz., Dummerstorf 43, 4, 387–397.

FEDDERSEN-PETERSEN, D. (2001):
Hunde und ihre Menschen. Kosmos Verlag

FEDDERSEN-PETERSEN, D. (2004):
Hundepsychologie, Kosmos Verlag
FEDDERSEN-PETERSEN, D. (2008):
Ausdrucksverhalten beim Hund, Kosmos Verlag

FISHER, J. (1993):
Verhaltensstörungen bei Hund und Katze. Kynos Verlag

FREYBERGER, J. UND SCHNEIDER, W. (2002):
Kompendium Psychiatrie, Psychotherapie, Psychosomatische Medizin. Huber. ISBN 9783805572729 S. 119

GARCIA, J. UND KOELLING, R. A. (1966):
Relation of cue to consequence in avoidance learning. Psychonomic Science volume 4, S. 123–124

GATTERMANN, R. (1993):
Verhaltensbiologie; Wörterbücher der Biologie. Gustav Fischer

GENEROSO, M. B., ET AL. (2017):
Pregabalin for generalized anxiety disorder: an updated systematic review and meta-analysis. In: International clinical psychopharmacology. Band 32, Nummer 1, S. 49–55

GRABOWSKI, J. (2007):
Lernkarten Psychologie: Grundlagen, Wahrnehmung und Denken. Spektrum Akademischer Verlag, Heidelberg, ISBN 978-3827418913

HACKBARTH, H. UND LÜCKERT, A. (2000):
Tierschutzrecht. Jehle

HÜTHER, G. (1998):
Biologie der Angst. Sammlung Vandenhoeck

JASPERS, K. (1973):
Allgemeine Psychopathologie 8. Aufl. Springer-Verlag Berlin, ISBN 978-3-540-03340-0

KISKER-BLOCK, K. Menschen brauchen Hunde. Diplomarbeit im Fach Psychologie, Universität Bremen, Dezember 2010, S. 46

KLUMPP, H. UND FITZGERALD, J. M. (2018):
Neuroimaging Predictors and Mechanisms of Treatment Response in Social Anxiety Disorder: an Overview of the Amygdala. In: Current psychiatry reports. Band 20, Nummer 10, S. 89

LINDSAY, S.R. (2000):
Handbook of applied dog behaviour and training. Iowa State University Press

LORENZ, K. (1964):
Er redet mit dem Vieh, den Vögeln und den Fischen. DTV, München

LORZ, A. (1992):
Tierschutzgesetz-Kommentar. 4. Auflage. C.H. Beck-Verlag, München

MCFARLAND, D. (1999):
Biologie des Verhaltens: Evolution, Physiologie, Psychologie. Spektrum Akademischer Verlag

MCCONNELL, P.B. (2005):
Das andere Ende der Leine. Kynos Verlag

MEYER, W. U., REISENZEIN, R. UND SCHÜTZWOHL, A. (2001):
Einführung in die Emotionspsychologie. Band I. Die Emotionstheorien von Watson, James und Schachter. 2. Aufl. Hans Huber Verlag ISBN 9783456836485

MEYER, W. U., REISENZEIN, R. UND SCHÜTZWOHL, A (2008):
Einführung in die Emotionspsychologie. Band II: Evolutionspsychologische Emotionstheorien. 3 Aufl. Hans Huber Verlag ISBN 9783456839868

NIEMAND, H.G. UND SUTER, P.F. (2001): Praktikum der Hundeklinik. Parey

OFARRELL, V. (1996):
Verhaltensstörungen beim Hund. M. u. H. Schaper

OVERALL, K. (1997):
Clinical behavioural medicine for small animals. Mosby

PEARCE, J.M. (1997):
Animal Learning and Cognition. Psychology Press

PITURRU, P. (2001):
Tierarzt engagiert sich für Straßenhunde in der Türkei. VETimpulse 18: 8–9, Veterinär Verlag

PITURRU, P. (2006).
Tuo affezionatissimo Fido. Edolimpia ISBN 88-253-0126-X

PITURRU, P. (2014):
Methylphenidate use in dogs with attention deficit hyperactivity disorder (ADHD). A case report of a Weimaraner bitch. Tierärztliche Praxis 42 (K) S. 111–116

PITURRU, P. (2014):
Ursachen und Beeinflussung (Konditionierung) von aggressivem Verhalten. 7. Leipziger Tierärztekongress, Tagungsband, Band 3, S. 264–265

PITURRU, P. (2014):
Umgang mit aggressiven Tieren in der tierärztlichen Praxis. 7. Leipziger Tierärztekongress, Tagungsband, Band 3, S. 288

PITURRU, P. (2020):
Angst und Stress beim Hund – Therapiemöglichkeiten und Erfahrungen mit für Kleintiere zugelassenen Wirkstoffen. Sechster Tierärztetag der Tierärztekammer Schleswig-Holstein. Proceeding

PRYOR, K. (2000):
Positiv verstärken – sanft erziehen. Kosmos Verlag

RÄBER, H. (1993):
Enzyklopädie der Rassehunde. Kosmos Verlag

REISENZEIN, R., MEYER, W. U. UND SCHÜTZWOHL, A (2008):
Einführung in die Emotionspsychologie. Band III: Kognitive Emotionstheorien. Hans Huber Verlag ISBN 9783456836454

REHAGE, F. UND WEIGAND, E. (2000):
Lassie, Rex & Co. Kynos Verlag

RHETS', A. UND DYER'S, B. (2005):
Hamburger Hundebuch. Pauls Verlag

ROLLS, E.T. (1999):
The brain and emotion. Oxford University Press

ROSS, J. UND MCKINNEY, B. (1994):
Hunde verstehen und richtig erziehen. Kosmos Verlag

SAMBRAUS, H.H. UND STEIGER, A. (1997):
Das Buch vom Tierschutz. Enke

SCHALKE, E. (2004):
Wie Hunde lernen. Theorie und Praxis im Einklang. Der Hund 1: 42–45, Deutscher Bauernverlag

SCOTT, J.P. AND FULLER, J.L. (1965):
Genetics and the Social Behaviour of the Dog. The University of Chicago Press

SEIDEL, K., SCHULZE, F., GÖLLNITZ, G. (1980):
Neurologie und Psychiatrie. VEB Verlag Volk und Gesundheit, Berlin

SELIGMANN, M. E. P. (1970):
On the generality of the laws of learning. Psychological Review, 77, S. 406–418

SELYE, H. (1936):
A syndrome produced by diverse nocuous agents. Nature 138, 32.

TEMBROCK, G. (2000):
Angst. Naturgeschichte eines psychobiologischen Phänomens. Wissenschaftliche Buchgesellschaft, Darmstadt

VESTER, F. (2003):
Phänomen Stress. DTV

VON HOLST, D. (1986):
Psychological stress and ist pathophysiological effects in the tree shrews (Tupaia belangeri). In: Biological and psychological factors in cardiovascular disease.

WARWITZ, S. A. (2016):
Sinnsuche im Wagnis. Leben in wachsenden Ringen. 2. Erw. Aufl. S. 32–39 Schneider Verlag ISBN 9783834016201

WILCOX, B. UND WALKOWICZ, C. (2000):
Kynos Atlas – Hunderassen der Welt. Kynos Verlag

WUKETITS, F.M. (1995):
Die Entdeckung des Verhaltens. Wissenschaftliche Buchgesellschaft, Darmstadt

ZIMEN, E. (1990):
Der Wolf. Goldmann

Index